T0047771

# ANTES DE HUBBLE, MISS LEAVITT

*grandes descubrimientos*

# ANTES DE HUBBLE, MISS LEAVITT

## La mujer que descubrió cómo medir el universo

George Johnson

Traducción: Víctor Zabalza de Torres

Prólogo: Gloria Dubner

Antoni Bosch ◯ editor

Publicado por Antoni Bosch, editor
Palafolls, 28 - 08017 Barcelona – España
Tel. (+34) 93 206 07 30
e-mail: info@antonibosch.com
www.antonibosch.com

Título original de la obra
*Miss Leavitt's Stars*
*The Untold Story of the Woman Who Discovered How to Measure the Universe*

© 2005 by George Johnson
© de la edición en castellano: Antoni Bosch, editor, S.A.

ISBN: 978-84-95348-31-9
Depósito legal: B-22990-2009

Diseño de la cubierta: Compañía de diseño
Fotocomposición: JesMart
Corrección: Gustavo Castaño
Impresión: Liberdúplex

Impreso en España
*Printed in Spain*

Para mi madre,
Dorris M. Johnson

Sus columnas se alargaban, y si entrecerraba sus ojos, los confetis de tinta empezaban a parecerse a un cielo estrellado. Ella tuvo tiempo de dejar que su mente vagara. Los Reyes Magos en busca de Belén, la música de Milton en las esferas de cristal... Todos podían reducirse a esos números. En realidad no hacía falta entrecerrar los ojos para pretender que los números fueran estrellas. En sí mismos, estaban vivos, locamente vivos, hecho y símbolo a la vez de las vastas y frías distancias en las que se localizaba la luz de mundos distintos.

**Thomas Mallon**
*Two Moons*

Entonces, mediante el instrumento a su disposición, viajaron juntos de la tierra a Urano, y los misteriosos arrabales del sistema solar; del sistema solar a una estrella en El cisne, la estrella fija más próxima en el cielo septentrional; de la estrella en El cisne a estrellas remotas; de ahí a lo más remoto que pudiera verse; hasta que el inquietante abismo que habían salvado con su frágil visión...

**Thomas Hardy**
*Two on a Tower*

# Índice

# Prefacio

Henrietta Swan Leavitt merece una biografía en toda regla. Probablemente nunca la consiga, dada la debilidad de las huellas que dejó tras de sí. No hay diarios personales, ni cajas de cartas, ni memorias científicas; no era de las que pavoneaban. No cualifica para más de un par de párrafos en los libros de referencia biográficos, los «Quién es quién» de esto o aquello, un pie de página o una nota encuadrada en el margen de los libros de introducción a la astronomía.

Mi intención era usarla únicamente como excusa para meterme en la historia de cómo, en los años veinte, la gente aprendió que hay mucho más universo más allá de la Vía Láctea. El descubrimiento que hizo desde su humilde posición en el Observatorio de Harvard fue el punto de partida. Pensé que podría hablar sobre aquello en el primer capítulo y después seguir adelante.

Pero Henrietta Leavitt se negó a marcharse de la historia. No podía sacar a esta mujer de mis pensamientos. ¿Por qué, dada la naturaleza completamente inesperada de su observación, no fue más allá, trabajando hombro con hombro con el gran Harlow Shapley y Edwin Hubble, mientras utilizaban la ley de Henrietta para avanzar años luz a través del espacio?

Así que, cuando creí que el libro ya estaba casi acabado, me encontré a mí mismo volviendo al principio, investigando su genealogía, rastreando los registros como, al parecer, no habían sido rastreados antes. Nota a nota, los parcos esbozos biográficos se fueron sustituyendo por un ser humano, tal vez no lo suficientemente sólido como para protagonizar su propia biografía, pero alguien con una historia que contar.

# Prólogo

La exploración del Universo lleva a los humanos a asomarse a dimensiones de espacio, tiempo, materia y energía difícilmente imaginables con nuestra experiencia. Para abordar su estudio se requiere una buena dosis de coraje, libertad de pensamiento e independencia de preconceptos, ya que la confiable intuición terrestre puede jugar malas pasadas al querer extenderla al espacio distante.

Una buena parte de los habitantes de la Tierra se asombra y maravilla ante el espectáculo de una noche estrellada. Unos pocos miles de ellos se atreven a estudiarla y comprenderla. Para esta aventura contamos con instrumentos necesariamente limitados a un diseño concebido por mentes que evolucionaron en este planeta y que sólo pueden construirse con materiales disponibles en el mismo. Así, noche a noche, desde la invención del telescopio hace 400 años, astrónomos de todo el mundo se asoman al espacio infinito. ¿Su enorme, su pequeña aspiración? Llegar a explicar la física de las noches estrelladas. Y si hace falta coraje en general para enfrentar el desafío de comprender las leyes del Universo, la historia nos muestra que las mujeres, en particular, necesitamos una dosis mucho mayor de decisión y fuerza. Parece un juego de palabras pero no lo es: enfrentamos la infinita amplitud del espacio exterior junto con la estrechez de algunas mentes.

Este libro relata dos historias entrelazadas: la historia de cómo se aprendió a medir lo inconmensurable, cómo se ha ido construyendo una escala para calcular distancias cósmicas, y la de *Henrietta Swan Leavitt*, una mujer que trascendió la monotonía de su trabajo, dedicado a medir y clasificar observaciones de otros astrónomos, para permitirse usar su pensamiento creativo e interpretar la información que obtenía, haciendo uno de los descubrimientos más significativos para la construcción de una escala cósmica.

En sus comienzos, la astronomía se centraba en la posición de los astros. Los antiguos imaginaban formas en el cielo, agrupando en falsas unidades, las constelaciones, estrellas que a menudo estaban separadas por inmensas distancias. Luego se prestó atención al movimiento de los cuerpos celestes. Este fue un gran avance, ya que permitió predecir la ocurrencia de fenómenos como eclipses o el paso de cometas y, además, comprender la ubicación relativa de nuestro planeta en el sistema solar. En los últimos años del siglo XIX, se comenzó a ampliar el estudio de los objetos celestes, y se trató de explicar la naturaleza física de las distantes fuentes de luz. Se buscó dar respuesta a nuevos interrogantes: ¿De qué están hechas? ¿Qué las hace brillar?

En ese contexto y hacia 1870, Edgard Pickering, director del entonces flamante Observatorio de Harvard, inició una actividad pionera. Esta consistía en catalogar el brillo y el color de cada estrella, en base a placas fotográficas obtenidas con telescopios ubicados en los hemisferios norte y sur. El análisis de estas placas, muchas veces de pobre calidad dados los escasos recursos técnicos disponibles en la época, requería de mucha destreza visual, gran concentración y una enorme paciencia. Pickering tuvo entonces la brillante idea de contratar mujeres «calculistas». ¿Qué hizo deslizar su mirada hacia el mundo femenino? Sin pelos en la pluma, el mismo investigador, en el informe anual elevado en 1898 a la Universidad de Harvard, decía que, según su opinión, las mujeres tenían la destreza para realizar proyectos repetitivos, no creativos. Ellas eran capaces de acumular y clasificar datos tan hábilmente como si fuesen astrónomos, con una ventaja extra: podían, además, recibir salarios mucho menores. Este ahorro, calcula Pickering, les permitiría contratar de tres a cuatro veces más personal gastando el mismo dinero.

Miss Leavitt fue una de las mujeres calculistas del «harén de Pickering«, como llamaban al grupo en esa época. Ahí estaba el espacio exterior revelando, por fin, sus cerrados misterios, y las calculistas, con un salario de unos 25 céntimos la hora, recluidas en la monotonía del análisis y sin permiso para pensar. Algunas, como Miss Antonia Mauri, se revelaban ante la prohibición de realizar trabajos creativos. Henrietta Leavitt, aún consciente de la importancia de sus descubrimientos, dócilmente se resignó a continuar realizando el trabajo de apoyo para astrónomos para el que había sido contratada. Algo después de Miss Leavitt, la astrónoma Cecilia Payne-Gaposchkin –entre escéptica y realista– advertía a las jóvenes con inquietudes en ciencia: «No comiencen ninguna carrera científica en busca de fama o dinero, embárquense en ella sólo si nada más puede satisfacerlas, porque probablemente nada más reciban».

Claro que esta subestimación del intelecto femenino en el campo de la astronomía ocurría antes de las conquistas de las sufragistas. Antes, también, de los movimientos femeninos que reclamaron participación en la toma de decisiones. En la segunda mitad del siglo XX, a brillantes astrónomas profesionales como Vera Rubin, quien realizó aportes fundamentales para el descubrimiento de la «materia oscura» (esa materia invisible y de naturaleza desconocida que llena las tres cuartas partes del Universo), o Margaret Burbidge, pionera en el estudio de los «cuásares» (los objetos cuasi-estelares cuya luz nos llega desde los confines del Universo visible), no les resultó nada sencillo trasponer las puertas del *Paraíso* y acceder a los grandes telescopios de Mount Wilson y del Observatorio Palomar (los mayores del mundo en su época) para realizar sus proyectos. Margaret relata que usaba el nombre de su marido (un astrónomo teórico, alejado de la astronomía con telescopios) para obtener acceso a los codiciados telescopios de Mount Wilson. Cuando a principios de los años cincuenta Vera Rubin solicitó ingresar a Princeton para realizar estudios de postgrado en astronomía, recibió una breve respuesta: «No se aceptan mujeres». Tampoco podían solicitar becas, como la de la Fundación Carnegie, para costear sus estudios de posgrado.

Cuando finalmente, sobreponiéndose a las discriminaciones y rechazos, las mujeres llegaron a ser aceptadas en un observatorio, podían usar sus telescopios, ¡pero no el recinto para descanso de los astrónomos! No en vano, en el de Mount Wilson, este espacio era llamado el Monasterio. Hasta bien avanzados los años sesenta las astrónomas que trabajaron en ese observatorio eran relegadas a habitaciones externas, sin calefacción ni agua caliente, debiendo encender un horno a leña si querían prepararse un té caliente tras una larga y fría noche de observación. Recién en 1963-64 Vera Rubin fue la primera mujer oficial y legalmente aceptada para usar el gran telescopio del Palomar.

A pesar de la falta de oportunidades para la inclusión de las mujeres en el campo de la astronomía, limitadas por fuertes presiones externas que bloqueaban el acceso a la educación y a los recursos, muchas investigadoras brillantes en todo el mundo, desde Hipatia de Alejandría, en el siglo IV, pasando por Caroline Herschel, Maria Mitchell, Annie Cannon, Paris Pismis, Ruby Payne-Scott, hasta las contemporáneas Virpi Niemela, Margherita Hack, Jocelyn Bell Burnell, Silvia Torres Peimbert, Sydney Wolf, Catherine Cesarsky, por sólo mencionar unas pocas de una extensa lista, han hecho contribuciones fundamentales. Sus aportes han generado grandes avances en el conocimiento del espacio exterior, a la vez que nos han allanado el camino a otras seguidoras con inquietud en las ciencias del espacio. Es verdad que hoy en día las condiciones, en general, se han modificado. Pero todavía hay mucho que hacer por la visibilidad y el reconocimiento del trabajo femenino.

El libro de George Johnson nos lleva a una aventura del conocimiento, guiándonos por una época de grandes avances, cuando a través del descubrimiento de métodos para calcular distancias a los puntos brillantes en la bóveda celeste, la humanidad pudo conocer su lugar en el espacio. Conocer el lugar del planeta respecto del Sol, el lugar del Sol en nuestra galaxia (la Vía Láctea), el lugar de la Vía Láctea en el cúmulo de galaxias vecinas y los cúmulos de galaxias en el Universo. Paralelamente, el libro nos guía en una exploración de aspectos secretos y consciente o inconscientemente olvidados: el lugar de las mujeres en el avance del conocimiento astronómico.

**Gloria Dubner**
Dra. en Astrofísica, Investigadora Principal del Consejo
Nacional de Investigaciones Científicas y Técnicas de
Argentina (CONICET)

**Referencias:**
Mercury, vol. XXI, n.º 1, 1992
Conversación con Vera Rubin

# Prólogo
## La aldea en el cañón

La aldea estaba escondida en el fondo de una profunda grieta, con las paredes tan escarpadas que nadie las había escalado jamás. Todo lo que se podía ver sobre ellas era una estrecha banda de cielo.

Mirando a lo largo del cañón, se podía divisar una colina a lo lejos. Nadie sabía exactamente a qué distancia estaba, al estar separada de la aldea por unas tierras infranqueables. Más allá de la colina, y todavía más inaccesible, se divisaba una lejana montaña, el borde del mundo conocido.

Los aldeanos se habían dado cuenta de que cuando caminaban de lado a lado del cañón, de una pared a otra, el punto más alto de la colina parecía moverse muy ligeramente sobre el fondo de la montaña, desplazándose de un lado al otro del pico. Nadie creía que la colina se moviera, pero disfrutaban con la ilusión.

Un día un ciudadano particularmente observador se apercibió de un hecho interesante y sutil. Cuando caminaba a lo largo del cañón alejándose de la colina, y después lo cruzaba de pared a pared, la colina todavía parecía moverse, pero mucho más lentamente. Y si caminaba aún más lejos y repetía el experimento, el movimiento era todavía más pequeño. Si se alejaba lo suficiente, descubrió, no había movimiento perceptible.

Escribió una nota en su libreta: «La cantidad de movimiento de la colina depende de su distancia al observador». Había descubierto el fenómeno llamado paralaje.

Cuando volvió a la aldea, donde la colina estaba más cerca y el efecto era más pronunciado, midió la separación entre las paredes del cañón y comenzó a esbozar un dibujo.

La anchura del cañón y la línea de visión de cada pared del cañón a la colina formaban un triángulo imaginario. Usando un instrumento de medición, podía medir los dos ángulos de la base del triángulo. Entonces, usando lo que había aprendido de trigonometría en el colegio, calculó la altura del triángulo: la distancia desde el centro de la base hasta el vértice superior, es decir, desde la aldea en línea recta a través de las tierras infranqueables hasta el punto más alto de la colina. Según su medición, la colina se encontraba a diez anchuras de cañón de distancia. Seguía siendo imposible llegar hasta allí, pero era reconfortante conocer la distancia. El mundo parecía un poco más dócil.

En los años siguientes, los aldeanos construyeron torres de observación de piedra, elevándose lo suficiente como para ver que detrás de la colina había otra. Usando la misma técnica, demostraron que la segunda colina estaba a quince anchuras de cañón. Detrás había

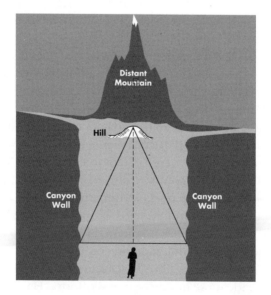

Triangular una montaña.

una tercera colina a veinticinco anchuras de cañón. Pero más allá el método fallaba. Las colinas estaban tan lejos que no se podía detectar su movimiento. El cañón no era suficientemente ancho, y los triángulos resultaban demasiado pequeños.

Lo más impresionante de todo era la oscura montaña inamovible en el horizonte. Parecía estar en el infinito, una distancia tan grande que debía ser inmensurable. Algunos aldeanos imaginaban enviar una expedición, a través de las peligrosas tierras infranqueables entre la aldea y la primera colina, y entonces seguir adelante, caminando día tras día hasta que llegaran a la montaña. Pero nadie era tan tonto ni tan valiente. Los aldeanos más imaginativos divagaban sobre cómo sería poder salir del cañón, y poder moverse tan lejos hacia la izquierda y hacia la derecha como quisieran, hasta que la propia montaña se desplazara sobre un fondo todavía más lejano. De lograrlo podrían determinar cuánto duraría el viaje. Pero eso no era más que fantasía.

En teoría había otra manera de determinar indirectamente la distancia a la montaña: las cosas se ven más pequeñas cuanto más lejos están. Un objeto el doble de distante parece la mitad de alto. Si esta regla fuera aplicable más allá de los confines de la aldea –¿y por qué no debería serlo?– habría una manera de medir la montaña. En un día muy claro, una observadora situada en la torre más alta decidió probar esta técnica. Se había dado cuenta hacía tiempo de que había vegetación en la colina más cercana, que se veía en la distancia como versión en miniatura de la flora local, los espinosos arbustos verdes que cubrían el suelo del cañón. Aquel día también se dio cuenta de que si entornaba los ojos podía divisar, a duras penas, una delgada línea verde recorriendo el borde de la montaña, la reconfortante evidencia de que estas tierras lejanas podrían no ser muy diferentes a sus propias tierras.

Tan sólo tardó unos instantes en darse cuenta de las consecuencias de su observación. Trabajando cuidadosamente, midió la altura aparente de los encogidos arbustos de la colina más cercana. La minúscula franja verde de la montaña parecía incluso diez veces más pequeña. Así que, al parecer, la montaña debía estar diez veces más lejos que la colina, a nada menos que cien anchuras de cañón.

Era lejos pero no infinitamente lejos. Caminar hasta ahí supondría una semana o dos, si alguien encontraba una manera de superar las tierras infranqueables. Animados por su descubrimiento, un grupo de voluntarios partió en dirección a la montaña. Desde las torres más altas los ciudadanos observaban a los exploradores que con el tiempo encontraron un camino a través de las tierras yermas, hasta la primera colina y más allá de la segunda y la tercera, hasta que al cabo de unos días estaban fuera de vista.

Cuando hubo pasado una semana, los aldeanos volvieron a las torres para observar el retorno de la expedición. Dos semanas más tarde volvieron a mirar. Pasaron meses, y un año, hasta que dejaron de esperarlos.

Finalmente, un único miembro de la expedición regresó a casa. La vegetación de la montaña, les explicó, era muy diferente a todo lo que había en el cañón. Impresionantes árboles se levantaban diez veces más altos que cualquier planta que hubiera visto antes. Había escalado hasta la punta de uno de estos monstruos y creyó que veía en la distancia, con mucha dificultad, las diminutas luces de la aldea. Sabía por entonces que a pesar de que la lógica de la medición había sido correcta, a los aldeanos les habían traicionado los límites de su imaginación. Dado que los extraños árboles eran diez veces más altos que los conocidos arbustos, la montaña estaba diez veces más lejos de lo que se había supuesto, a mil anchuras de cañón de distancia...

## 2

En la novela Time for the Stars, de Robert Heinlein, una organización benéfica llamada la Fundación Largo Alcance recluta parejas de gemelos idénticos para una misión de colonización espacial. La Tierra, desbordada por una población disparada, ya ha colonizado los demás planetas del Sistema Solar. Ahora debe mirar más allá, a los planetas que orbitan estrellas tan distantes que las noticias de su descubrimiento, viajando a la velocidad de la luz, tardarían años en llegar a casa.

Ahí es donde entran los gemelos. Los científicos, según la historia, han descubierto que muchos gemelos son telepáticos, y que las señales que intercambian mentalmente no sufren las restricciones de las ondas electromagnéticas. La comunicación es instantánea –más rápida que la luz– sin que importe la distancia que haya entre los gemelos. Con un gemelo en la nave espacial y otro en la Tierra, pueden conversar instantáneamente a años luz de distancia.

Leí esta novela, ahora descatalogada, en segundo curso del instituto y había olvidado todo excepto lo más básico de la trama, que se centra en los efectos relativistas de viajar cerca de la velocidad de la luz. El tiempo se ralentiza, por lo que Tom, el gemelo de la nave, envejece a una fracción de la velocidad a la que lo hace Pat, su hermano en casa. Es un hombre viejo cuando Tom regresa y se casa con la nieta de Pat, con quien ha estado flirteando telepáticamente.

Lo que se me ha quedado grabado todos estos años no han sido las obvias invenciones einsteinianas del guión sino una escena brillante al final del libro: Tom mira al cielo desde un planeta habitable que orbita Tau Ceti, una estrella a once años luz de la Tierra. Las constelaciones que ve son reconocibles, pero ligeramente distorsionadas respecto a su apariencia desde la Tierra. Puede distinguir el Carro, «un poco más magullado que desde la Tierra», y ve Orión, el gran cazador, a pesar de que su perro, Sirio, está muy lejos de él. El clímax llega cuando Tom descubre, desde donde se halla, que la constelación de Boötes ha adquirido una nueva estrella, amarillenta y alrededor de la segunda magnitud. Tarda un momento en darse cuenta de que está observando el Sol.

No se por qué esta escena me impactó tanto. Tal vez debería haber sido obvio incluso para un niño de primaria que las constelaciones son arbitrarias, no sólo los nombres prestados de la mitología clásica (¿Realmente hay alguien que crea que la Osa Mayor se parece a un oso gigante?) sino también sus formas. Son un producto accidental de la alineación de las estrellas de entre una infinidad de posibles puntos de vista. A pesar de que el perro de Orión parece seguir fielmente sus talones, la estrella principal de la constelación, Sirio, a 8,6 años luz de la Tierra, no está ni remotamente cerca del cinturón del cazador, cuyas estrellas se encuentran a aproximadamente 1.500 años luz.

De hecho el cinturón de Orión no está cerca de sus hombros ni sus hombros cerca de sus rodillas. Incluso el cinturón es un producto accidental de la perspectiva. Desde otro punto del espacio, estas estrellas se verían como un triángulo o su orden estaría intercambiado. Vistas exactamente con el ángulo apropiado, las tres estrellas se fusionarían en una sola luz, una ilusoria estrella triple. Vistas desde el interior del espacio que las tres estrellas delimitan, aparecerían cada una en un rincón diferente del cielo.

## 3

Para cualquiera que haya crecido leyendo ciencia ficción o bajo las entusiastas promesas de la era Kennedy, el programa espacial ha resultado ser un fracaso. ¿Quién habría imaginado que varias décadas más tarde, después de algunos viajes a la Luna (a unos 400.000 kilómetros, unos cincuenta viajes de ida y vuelta entre Los Angeles y Nueva York), nuestra especie abandonaría la exploración espacial humana, y nuestros líderes se conformarían con el ridículo transbordador espacial, que se aventura lejos de la Tierra apenas la distancia que separa Baltimore de Nueva York? Por fortuna, las débiles transmisiones de las sondas espaciales no tripuladas –la más antigua de las cuales sobrepasó hace poco el límite del sistema solar– permiten mantener viva la imaginación. Pero, en su mayoría, la gente se ha conformado con sentarse en casa y esperar a que las noticias cósmicas lleguen en forma de luz procedente de las estrellas.

Sin haber salido de casa, los astrónomos pueden decir con confianza que nuestra propia galaxia, la Vía Láctea, tiene un diámetro de 100.000 años luz, y que Andrómeda, la galaxia vecina, se encuentra a dos millones de años luz. Éstas y otras galaxias forman el «Grupo Local». El barrio. Al otro lado de la ciudad hay otras conglomeraciones de galaxias como el grupo de Sculptor o el grupo Maffei, a casi 10 millones de años luz de distancia. Un poco más lejos están los cúmulos de Virgo y Fornax, que yacen a unos 50 millones de años luz de la Vía Láctea. Incluso si estos fueran kilómetros, los números serían asombrosos. Un solo año luz equivale a casi diez billones de kilómetros.

Todavía no hemos dejado atrás nuestro «supercúmulo», una galaxia de galaxias de 200 millones de años luz de anchura. Más allá hay más supercúmulos, que abarcan hasta el límite del universo visible, a unos diez mil millones de años luz de la Tierra.

Enfrentados con una visión tan grandiosa, no es de extrañar que, hasta hace tan poco como los años veinte, muchos astrónomos creyeran que la Vía Láctea era el universo. Si había o no algo más allá era una cuestión de debates académicos. Lo que ahora sabemos que son enormes galaxias similares a la nuestra, eran consideradas pequeñas y cercanas nubes de gas, insignificantes manchas de luz.

Éramos como los aldeanos del cañón. Entonces descubrimos una nueva manera para medir las distancias.

# 1

# Estrellas negras, noches blancas

Trabajamos del alba al ocaso,
computar es nuestra labor,
somos leales y educadas,
y nuestro registro es un primor.

– De *El delantal del observatorio*

Sólo con gran dificultad es posible imaginar lo que era ser una calculista o «computadora» en el Observatorio de Harvard, no una máquina sin alma hecha de cables y silicio, sino una joven mujer viva. Su nombre era Henrietta Swan Leavitt y su trabajo era contar estrellas.

Hoy en día este tipo de trabajo lo hace una máquina. Matrices de sensores electrónicos capturan imágenes del cielo, largas cadenas de dígitos que los ordenadores analizan. A finales de la década de 1880, cuando Harvard se embarcó en un proyecto maratoniano para catalogar la posición, el brillo y el color de todas las estrellas del cielo, lo más cercano a un moderno ordenador digital eran las pesadas calculadoras mecánicas como el «comptómetro» de Felt & Tarrant o el Arithometer de Burroughs, con sus filas de botones, duras manivelas y campanas. Y también estaba el cerebro humano. Almas diligentes como Miss Leavitt –de hecho en inglés se las llamaba *computers*– cobraban 25 céntimos la hora (10 céntimos más

La Colina del Observatorio, 1851
(Observatorio de Harvard).

que un trabajador en los campos de algodón) por examinar nubes
de diminutos puntos, fotografías del cielo nocturno. Medían y cal-
culaban, registrando sus observaciones en un libro mayor.

Imagine un cielo con los colores invertidos, frías estrellas negras
espolvoreadas sobre un firmamento blanco. Estos negativos foto-
gráficos se obtenían cuando se apuntaba un telescopio al cielo,
enfocando la luz sobre una gran placa de cristal cubierta por un
lado con una emulsión sensible a la luz, un antecesor de la pelícu-
la fotográfica. En la actualidad, medio millón de estas frágiles placas se guardan en un edificio de ladrillo adyacente a aquel en el
que trabajaban Miss Leavitt y las demás calculistas. Ante el temor
de que un terremoto hiciera añicos esta base de datos de cristal –el
equivalente astronómico del incendio de la biblioteca de Alejandría–,
Harvard construyó el repositorio como dos estructuras, una dentro de la otra. Una matriz interna de barras y suelo de acero descansa sobre un sistema de muelles de ballesta, como los de los vago-

nes de tren o los coches antiguos, que la aísla físicamente del exterior del edificio.

El resultado es un valioso archivo del aspecto del cielo en diferentes noches desde que se iniciaron los primeros reconocimientos en la década de 1880. Entre los artículos más preciados de la colección se encuentran imágenes de las Nubes de Magallanes. Ahora las conocemos como galaxias vecinas, compañeras de nuestra Vía Láctea. En aquellos tiempos nadie estaba del todo seguro de qué eran. Inclinada sobre las placas en una habitación del observatorio, Miss Leavitt encontró el patrón que con el tiempo condujo hacia la respuesta. Descubrió una manera de medir más allá de la galaxia y de comenzar a cartografiar el universo.

En la actualidad casi cualquier persona con conocimientos científicos sabe, o cree saber, que nuestro planeta gira alrededor de una estrella común perdida entre galaxias de galaxias que se extienden por miles de millones de años luz en todas direcciones. Aún se puede recordar a Carl Sagan entonando estas palabras en televisión. Hemos aprendido a deleitarnos con nuestra insignificancia. En lo que concierne a la mayoría de los astrónomos, ya sólo se discuten pequeños detalles: ¿Tiene el universo 13.900 millones de años luz de radio o tan sólo 13.800? Emana tanta confianza de estas conversaciones que un espectador puede olvidarse de considerar la cuestión más básica: ¿Cómo se puede saber con tanta seguridad?

Supongamos que dos estrellas de igual luminosidad brillan una junto a la otra contra el oscuro fondo celeste. Sin saber nada más sobre ellas, se podría concluir que están a la misma distancia. Pero eso sólo sería cierto si las estrellas estuvieran emitiendo, desde sus hornos nucleares, la misma cantidad de luz. Es más probable que una estrella sea más luminosa que la otra y se encuentre a más distancia. ¿Cuánto más luminosa y a cuánta más distancia? A menos que se inventara el viaje espacial interestelar, no parecía haber manera de saberlo.

La misma incertidumbre era válida para las débiles neblinas llamadas nebulosas, nubes de luz. ¿Eran multitud de galaxias, «universos isla» encogidos por su enorme lejanía? ¿O eran pequeñas nubes de gas en la Vía Láctea? Al no tener un método para medir las distancias en el universo, la cuestión era casi teológica. ¿Cuántos ángeles pueden bailar sobre una cabeza de alfiler? ¿A qué distancia están las estrellas del cielo?

En la actualidad, un visitante de la Colina del Observatorio, una suave cuesta en la calle Garden, a quince minutos a pie hacia el noroeste de la Plaza de Harvard, es incapaz de encontrar ningún signo de que alguna cosa cósmica pudo haber ocurrido en este lugar. Empequeñecido por los enormes observatorios de altura en Palomar, Wilson, Cerro Tololo y Mauna Kea y cegado por la luz de la iluminación de Boston, el telescopio de Harvard, llamado el Gran Refractor, está ahora jubilado. Pero cuando vio su primera luz en 1847 era el más potente del mundo.

Había llegado, comentaban algunos, sobre la cola de un cometa: el Cometa de Marzo de 1843, que era tan brillante que era visible a plena luz del día, una señal para algunos de que el día del Juicio Final se acercaba. (Un grupo llamado los Millaritas había usado pasajes de la Biblia para predecir que Jesús realizaría su Segunda Aparición entre el 21 de marzo de 1843 y el 21 de marzo de 1844. El cometa llegó justo a tiempo.) Aquellos con una inclinación más científica sintieron una sensación de asombro más profunda. ¿De dónde venía el cometa y cuándo regresaría? Podían buscar las respuestas en los observatorios de las universidades de Cincinnati, Yale o Williams. Pero Harvard no tenía un telescopio suficientemente potente como para estudiar el fenómeno. Incluso el Instituto de Filadelfia estaba mejor equipado.

Era una vergüenza que los ciudadanos de Boston deseaban corregir. Harvard había comprado doce acres de terreno, llamados la Colina de la Casa de Verano, con vistas a la construcción de un gran telescopio, pero se había progresado muy poco. Ahora el proyecto renacía con más fuerza que nunca. Ciudadanos pudientes contribuyeron con «suscripciones», algunas por valor de 25.000 dólares, para construir el mejor observatorio del mundo. Para garantizar una plataforma lo más estable posible, el edificio se construyó alrededor de un pilar sólido anclado a casi ocho metros de profundidad y sobresaliendo del lecho de roca hasta el suelo del observatorio. Dentro de una cúpula de nueve metros se colocó el Gran

El Gran Refractor (Observatorio de Harvard).

Refractor. El tubo chapado en caoba se equipó con una lente de 38 centímetros de diámetro que había sido fabricada por los maestros artesanos Merz y Mahler de Munich, a quienes se les encargó que la hicieran por lo menos tan potente como la que los rusos habían comprado para el Observatorio Imperial. La carrera espacial había comenzado.

El primer astrónomo que observó a través del instrumento se quedó mudo: «Es fantástico –escribió– ver las estrellas que han estado escondidas en una luz misteriosa al ojo humano desde los tiempos de la creación. Hay grandeza, una sublimidad casi sobrecogedora que ningún idioma es capaz de expresar plenamente».

Con este nuevo instrumento, los astrónomos rápidamente descubrieron el anillo interior de Saturno y, equipando el telescopio con una placa fotográfica, tomaron la primera imagen de una estrella.

## 2

En una noche despejada en lo alto de una montaña, donde el aire es frío y seco, las estrellas más luminosas brillan unas doscientas cincuenta veces más intensamente que las más débiles, aquellas que apenas se pueden distinguir a simple vista. Los antiguos griegos dividieron esta multitud estelar en seis categorías. Dijeron que las luces más brillantes eran de primera magnitud y las más débiles de sexta.

Esta medida aproximada ha sido refinada a lo largo de los siglos de manera que ahora cada escalón supone un aumento en intensidad de dos veces y media. El valor real se sitúa cerca de 2,512, haciendo que una estrella de sexta magnitud sea por tanto $2,512 \times 2,512 \times 2,512 \times 2,512 \times 2,512$ o 100 veces más débil que una estrella de primera magnitud. Una estrella de sexta magnitud es unas 250 veces más débil que dicha estrella, y una de séptima magnitud unas 600 veces más débil. (En el impreciso sistema original, todas las estrellas más brillantes habían sido catalogadas como de primera magnitud. Midiéndolas de manera más exacta, algunas de ellas han acabado con magnitudes menores que uno, y las más brillantes con magnitudes negativas. La cegadora Sirio está alrededor de −1,4.)

Siglos atrás, con su simple anteojo, Galileo había amplificado su visión lo suficiente como para ver estrellas de octava magnitud. El Gran Refractor extendía el alcance hasta la decimocuarta magnitud, obteniendo imágenes de objetos 400.000 veces más débiles que los visibles desde la Tierra a simple vista.

Con la habilidad de ver más lejos que nunca, Harvard se embarcó, a finales de la década de 1870, en el tipo de búsqueda exhaustiva que se convertiría en su sello propio, catalogar con precisión el brillo de todas las estrellas del cielo. El observatorio estaba dirigido por un joven físico llamado Edward Charles Pickering, quien había llegado al rango de catedrático en el Massachusetts Institute of Technology al establecer el primer plan de estudios del país en el que los estudiantes podían enfrentarse a las ideas de la física cara a cara, en experimentos de laboratorio, hurgando la naturaleza y anotando cuidadosamente los resultados. Tuvo un contacto temprano con la astronomía cuando participó en dos expediciones gubernamentales para observar eclipses totales de sol. Cuando le contrataron en 1876 para encargarse del observatorio, tenía treinta años. Hasta entonces la astronomía se había concentrado en obtener dos características de cada estrella: su posición y su movimiento propio a través del espacio. A Pickering le sorprendió la poca cantidad de información fiable que se había recogido sobre dos aspectos igualmente importantes: la luminosidad exacta de la estrella, una pista de su distancia, y su color, una pista de los elementos que la forman. Pickering era un empedernido medidor. Se dedicaba a caminar por las White Mountains de New Hampshire midiendo el terreno con un instrumento que él mismo había construido. Su misión, decidió, y la de aquel observatorio, sería recoger montañas de datos, sobre los cuales los demás pudieran teorizar.

Lo que buscaba era astronomía a la antigua usanza. Sin big bangs, ni agujeros negros, ni materia oscura: aquello era mucho antes de todo esto. El espacio todavía era plano y tan sólo tenía tres dimensiones. Entender el universo significaba cartografiar pequeños puntos de luz mientras se movían por el cielo.

Comenzó con la luminosidad estelar. En el pasado, los astrónomos habían hecho algunos progresos en este campo con un instrumento alemán, el astrofotómetro Zöllner, que comparaba la luz de la estrella con la de una lámpara de queroseno. Enfocado a través de un minúsculo agujero y reflejado por un espejo dentro del campo visual del telescopio, el punto de luz de la lámpara parecía un sol diminuto flotando junto a la estrella. El observador ajustaba el instrumento, reduciendo la luminosidad de la lámpara hasta que, a su juicio, era igual que la de la estrella. Entonces se apuntaba su magnitud.

(Algunas de estas exigentes medidas las llevó a cabo un empleado del observatorio llamado Charles Sanders Peirce, conocido como uno de los más brillantes y excéntricos filósofos de todos los tiempos.)

Pickering estaba convencido de que un estudio definitivo debería basarse en un estándar más universal que la luz de una lámpara. Ideó un instrumento con una disposición tal de lentes y espejos que permitiría comparar en el mismo campo visual cualquier estrella del cielo con la Estrella Polar, que estaba catalogada, de una manera un tanto arbitraria, en la magnitud 2.1. En cuanto los astrónomos aprendieran a usar este aparato, podrían medir hasta una estrella por minuto. Con el tiempo Harvard midió y catalogó cuarenta y cinco mil estrellas.

Eso era apenas el principio. En los espacios entre las estrellas había sin lugar a dudas muchas más, tan débiles que no se registraban en la retina del ojo, incluso utilizando lentes tan potentes como el Gran Refractor. Para ver más lejos, era necesario captar la luz de estas débiles fuentes en una fotografía de larga exposición, utilizando una placa fotográfica acoplada al telescopio. Montado sobre una plataforma giratoria e impulsado por un sistema de engranajes mecánicos, el telescopio seguiría la estrella durante su movimiento por el cielo, acumulando su luz fotón a fotón, obteniendo su imagen químicamente.

El avance astronómico que esto supuso fue espectacular. Desde la Tierra las Pléyades se ven como una sutil nebulosa que envuelve siete puntos de luz, las «Siete Hermanas» de la mitología griega, perseguidas por Orión. Galileo ya había visto a través de su telescopio que las hermanas tenían docenas de acompañantes. Una exposición de tres horas, hecha desde París, reveló que la constelación comprende más de 1.400 estrellas.

Se podían descubrir todavía más estrellas si se colocaba el telescopio y la cámara muy por encima del nivel del mar, ahorrándose kilómetros de distorsión atmosférica. Después de algunos intentos fallidos de establecer observatorios en el Pikes Peak de las Rocosas de Colorado y en el Monte Wilson en el sur de California, Pickering decidió probar las alturas de Perú. Envió una expedición liderada por un fiable colega, Solon I. Bailey, quien estableció una estación temporal sobre un pico que se decidió que se llamaría Monte Harvard. Bailey no había tenido en cuenta la duración de la estación de lluvias y las nubes le forzaron a buscar un lugar más despejado, estableciéndose finalmente en la remota ciudad de Arequipa. Esta vez el sitio parecía perfecto. Pickering lo organizó todo para que se enviara una estación de observación pieza por pieza, desde Boston y alrededor de la punta de Sudamérica. Entre el cargamento se encontraban las partes del telescopio Bruce de 24 pulgadas (llamado así por la heredera que pagó su construcción, Catherine Wolfe Bruce).

A pesar de todas las esperanzas de Pickering, el proyecto comenzó con mal pie. Puso a cargo de Arequipa a su hermano William, tan testarudo y arrogante como Edward era modesto y reservado, quien desbarató el proyecto y escandalizó a la comunidad astronómica internacional al enviar informes absurdos a la gran publicación académica *New York Herald*. Ignorando su encargo de estudiar las estrellas, apuntó el telescopio hacia Marte, describiendo de manera entusiasta enormes cordilleras que se levantaban entre ríos gigantes y lagos que abarcaban centenares de kilómetros cuadrados; una geografía que permaneció invisible a todos los ojos excepto a los suyos.

Mientras Pickering se ocupaba del control de daños en casa, envió a Bailey de nuevo a Perú para que se ocupara del observatorio. Pronto, la estación de Arequipa comenzó a enviar caja tras caja de placas fotográficas hacia Cambridge, las primeras piezas de lo que acabaría siendo un mosaico del cielo austral.

Los astrónomos pronto se vieron superados por la cantidad de información que debían digerir. Se enfrentaban a una cantidad ingente de mediciones, un mal cada vez más común en la ciencia actual, una avalancha de datos esperando ser procesados. Fue entonces cuando aparecieron las calculistas.

## 3

«Un gran observatorio debería estar tan cuidadosamente organizado y administrado como una empresa de ferrocarriles», observaba Pickering. «Cada gasto debería ser controlado, cada verdadera mejora aplicada, los consejos de los expertos bienvenidos, y si se considera oportuno, puestos en práctica, y no escatimar medios a la hora de obtener el mejor rendimiento de cada dólar gastado. Se puede lograr un ahorro importante contratando mano de obra no cualificada y por tanto barata, por supuesto bajo un control exhaustivo.»

Es difícil imaginarse lo complicado que sería hoy en día encontrar gente que llevara a cabo un trabajo tan preciso por sólo 25 céntimos la hora, lo que resultaba ser el sueldo mínimo. En la actualidad seguramente se deslocalizaría el trabajo y se enviaría a talleres de contar estrellas en Asia. Pero para los estándares de finales del siglo XIX, computar no era tan mal trabajo. Siete horas al día, seis días a la semana, se cobraban 10,50 dólares a la semana e incluía un mes de vacaciones. No había muchos hombres interesados en un trabajo tan tedioso, así que la mayoría de contratados eran mujeres. (La tradición tardaría mucho en desaparecer. Tan recientemente como en los años sesenta, el Laboratorio Nacional de Brookhaven contrataba a amas de casa de Long Island para que analizaran las enredadas imágenes de partículas subatómicas, en pos de formas que pudieran llevarnos hacia una nueva física.)

Al darse cuenta de que su sirvienta, Williamina Paton Fleming, estaba sobrecualificada para barrer suelos, Pickering la contrató como una de las primeras calculistas. (Abandonada por su marido después de emigrar de Escocia, le estaba tan agradecido que llamó a su hijo, nacido aquel año, Edward Pickering Fleming.) Con el tiempo se convirtió en la responsable de la colección de placas fotográficas, doblando su salario, y era la encargada de clasificar las estrellas según su espectro, es decir, de los colores que mostraban al refractar su luz a través de un prisma. Éste era otro de los ambiciosos proyectos del laboratorio, que dio lugar a un monumental trabajo llamado el Catálogo Henry Draper, nombrado así por un pudiente astrónomo aficionado que tomó la primera fotografía de una nebulosa. La viuda de Draper financiaba el compendio, que daba trabajo a dos calculistas más, Annie Jump Cannon y Antonia Caetana Maury.

Edward Pickering (colección de retratos de
la Universidad de Harvard).

El trabajo de estas mujeres se parecía más al de una biblioteca-
ria que al de una científica. Pickering intentaba que fuera razona-
blemente estimulante y trataba a sus calculistas con respeto. Pero
estaba empeñado en que el observatorio aprovechara al máximo su
dinero.

«Parece que cree que ningún trabajo es demasiado largo o demasiado difícil para mí, sin importarle la responsabilidad o las horas que
me pueda pasar», se quejaba Mrs. Fleming en su diario. «Pero en
cuanto saco el tema del salario se me dice que recibo un salario excelente teniendo en cuenta los salarios que cobran las mujeres.»

Si tan sólo diera un paso para darse cuenta de hasta qué punto
está equivocado, conocería un par de hechos que le abrirían los
ojos y le harían pensar. A veces me siento tentada de rendirme y

*El delantal del observatorio* (Observatorio de Harvard).

dejar que pruebe a otra persona, o a alguno de los hombres, para hacer mi trabajo, para que vea lo que recibe de mí a cambio de 1.500 dólares al año, comparado con los 2.500 de algunos de sus ayudantes.

¿Piensa alguna vez que yo también tengo una familia de la que cuidar, como los hombres? Pero supongo que una mujer no puede pedir tales comodidades. ¡Y ésta se considera la era de la ilustración!... Me siento al borde de un ataque.

Cuando le pidió un aumento, Pickering aceptó transmitir la petición al presidente de la universidad. El dinero siempre iba justo. Esto era antes de la era de la gran ciencia financiada con dinero público, y los observatorios dependían de la caridad de ricos benefactores, y de gente con una dedicación monástica al oficio. Pickering trabajaba tan duro como cualquiera de ellas, administrando de día y observando las estrellas de noche. Cuando el cielo estaba nublado solía hacer cálculos hasta bien entrada la noche, a veces mientras un ayudante le leía algo (Shakespeare era uno de sus favoritos). Considerando las horas que trabajaba, su salario anual de

3.400 dólares resultaba ser menos de dos dólares la hora. (Él y su familia se alojaban en la poco lujosa residencia del director, en la Colina del Observatorio.) Nadie estaba en esto por el dinero.

«Un astrónomo es un alma en pena», comienza un estribillo en *El delantal del observatorio,* una parodia de la opereta cómica de Gilbert y Sullivan *El delantal del H.M.S.* escrita por uno de los ayudantes de Pickering.

*Debe abrir la cúpula y girar la rueda,*
*y mirar las estrellas tenazmente,*
*debe estar fuera durante las frías noches,*
*y nunca esperar un salario decente.*

La mayoría del tiempo parecía que las calculistas disfrutaban con su trabajo, a pesar del bajo sueldo y las condiciones de trabajo propias de una novela de Dickens. En *El delantal del observatorio* una de ellas, Josephine, canta sobre su afanoso trabajo en el «lugar frío e inhóspito, angosto y apestando a aceite», probablemente de la estufa que había reemplazado recientemente los hogares de leña para evitar el intenso frío de Nueva Inglaterra. En otro momento de la historia, todo el coro de calculistas canta al unísono:

*Trabajamos del alba al ocaso,*
*computar es nuestra labor,*
*somos leales y educadas,*
*y nuestro registro es un primor.*

Dan ganas de imaginar a Henrietta Swan Leavitt cantando esta canción. Pero no pudo ser. A pesar de haber sido escrito en 1879, el musical no se llegó a representar hasta la Nochevieja de 1929. Por entonces ya había muerto.

# Cazando
# variables

Mis amigas dicen, y reconozco que es verdad,
que mi oído no funciona ni de lejos tan bien
cuando estoy absorbida en el trabajo
astronómico.

–Henrietta Leavitt,
en una carta a Edward Pickering

A pesar de no estar indicado por una placa, la habitación donde Miss Leavitt y las demás calculistas probablemente trabajaban sigue intacta. La universidad, siempre necesitada de espacio, no ha sido tan cuidadosa a la hora de conservar los antiguos edificios del observatorio como a la hora de conservar la colección de placas fotográficas. Las vigas de madera del techo han sido pintadas de color blanco institucional. Se han colocado luces fluorescentes donde antes colgaban candelabros y se ha montado un aparato de aire acondicionado en una de las antiguas ventanas. El lugar tiene todo el encanto de una habitación de hospital público. Junto al montacargas que subía las placas de cristal se encuentra una impresora. A un lado hay un armario lleno de máquinas de escribir IBM Selectric, otra capa arqueológica de las tecnologías abandonadas.

Saque toda esta basura, restaure la decoración de finales del siglo XIX, e imagine a Miss Leavitt, como habría esperado que la

Henrietta Swan Leavitt (Observatorio de Harvard).

llamaran, con un vestido largo abrochado hasta el cuello y su oscuro pelo recogido fuertemente en un moño (estamos extrapolando a partir de las pocas fotografías que se conservan). Está sentada en una mesa ante un marco de madera que aguanta una gran placa de cristal: uno de aquellos negativos del cielo, negro sobre blanco. En la base del marco hay un espejo, para reflejar la luz de una ventana próxima e iluminar la placa desde detrás. Alrededor de ella se encuentran las demás calculistas, ocupadas de forma similar, y ocasionalmente Edward Pickering aparece para ver cómo van los cálculos.

Tenía veinticinco años cuando llegó al observatorio en 1893 como voluntaria. Su objetivo era aprender astronomía, y al parecer era bastante independiente. Hija de un ministro Congregacionalista, George Roswell Leavitt, Henrietta había nacido el 4 de julio de 1868 en Lancaster, Massachusetts, en lo que entonces se llamaba «una buena familia Puritana». Sus ancestros se remontaban hasta Josiah Leavitt de Plymouth, y a cuatro siglos de Leavitts en Yorkshire, Inglaterra.

Durante el censo de 1880 la familia vivía en la mitad de una gran casa doble, el 9 de Warland Street en Cambridge, cerca de la Iglesia Congregacional Pilgrim, en la esquina de las calles Magazine y Cottage. El Reverendo Leavitt era el pastor. La vecindad pertenecía mayormente a la clase media o media-alta. Los vecinos de Leavitt incluían un afinador de pianos, un secretario, un capitán de policía, un profesor de gramática, un ingeniero civil, así como un fabricante de sifón y agua mineral, un fabricante de carros y el propietario de una empresa de fontanería.

Cuando se presentó para hacer el censo, el funcionario encontró a la señora Leavitt, también llamada Henrietta Swan (su apellido de soltera era Kendrick), atendiendo a tres de sus hijos, George, Caroline, y Mira, de dos años. (Fue el último año de su vida. Unos meses más tarde Mira moría.) Henrietta, la mayor con once años, y Martha, estaban en el colegio. Otro hermano, Roswell, había muerto en 1873, cuando tenía quince meses; el más joven, Darwin, nacería dos años más tarde.

El hogar debía quedarles pequeño. La tía de Henrietta, Mary Kendrick, también vivía allí, así como una sirvienta. En la puerta de al lado, la número 11, vivía su abuelo, Erasmus Darwin Leavitt, con su mujer y su hija de treinta años (en el censo figura que tenía una lesión espinal.) También tenían contratada una sirvienta.

La familia valoraba la educación. El padre de Henrietta se había graduado en el Williams College y obtenido un doctorado en divinidad del Seminario Teológico de Andover. Como su abuelo, un tío (el hermano del reverendo Leavitt) se llamaba Erasmus Darwin, probablemente por el conocido médico y naturalista del siglo XVIII, abuelo de Charles Darwin. El Erasmus más joven, segundo presidente de la Sociedad Americana de Ingenieros Mecánicos, lograría reconocimiento nacional por su diseño de la bomba de agua Leavitt de la estación de Chestnut Hill de la Compañía de Aguas de Boston. También era miembro de la Academia Americana de las Artes y las Ciencias.

Unos años después, los Leavitt se mudaron a Cleveland, y en 1885 Henrietta ingresó en el Oberlin College, donde asistió a un curso preparatorio seguido de dos años de diplomatura. Cuando volvió a Cambridge en 1888, entró en Radcliffe, por aquel entonces conocido como la Sociedad para la Instrucción Colegiada de Mujeres. (Una de sus primas, hija de Erasmus Leavitt, entró en la misma clase que ella.)

Las condiciones de entrada eran estrictas. Cada joven debía demostrar su familiaridad con una lista de obras clásicas –*Julio César* y *Como gustéis* de Shakespeare; *Vida de los poetas* de Samuel Johson; *Humoristas ingleses* de William Makepeace Thackeray; *Los viajes de Gulliver* de Swift; el poema de Thomas Gray «Elegía escrita en un cementerio rural»; *Orgullo y perjuicio* de Jane Austen; y *Rob Roy y Marmion* de Sir Walter Scott– escribiendo, durante el examen, una redacción corta. También había pruebas de lenguaje («Traducción de prosa simple [el caso del latín, griego y alemán] o común [en el caso del francés]»), de historia («O bien [1] Historia de Grecia y Roma; o [2] Historia de EE UU e Inglaterra»), de matemáticas (desde álgebra hasta las ecuaciones cuadráticas y geometría euclidiana), y física y astronomía. Además de estos exámenes de «estudios básicos», las estudiantes debían demostrar un conocimiento avanzado de dos temas, matemáticas, por ejemplo, y griego. El catálogo de Radcliffe aseguraba tranquilizadoramente, «Una candidata puede ser admitida a pesar de tener deficiencias en algunos de estos estudios, pero se espera que dichas deficiencias se reparen durante el primer curso».

La única deficiencia indicada en el cuaderno de Henrietta era la historia, y la corrigió antes del segundo año. Asistió a cursos de latín, griego, humanidades, inglés, y lenguas europeas modernas –alemán (su único suficiente), francés, e italiano– y de bellas artes y filosofía. No asistió a demasiadas clases de ciencia, ni se le ofrecieron: tan sólo historia natural, una clase introductoria de física (obtuvo un notable) y un curso de geometría analítica y cálculo diferencial (un sobresaliente). Tan sólo en el cuarto año pudo asistir a una clase de astronomía, en la que obtuvo un sobresaliente bajo. La Colina del Observatorio se hallaba subiendo Garden Street desde Radcliffe, y algunos de los astrónomos de Harvard, supervisados por Pickering, daban clases allí.

En 1892, poco antes de su vigésimo cuarto cumpleaños, Henrietta se graduó con un certificado que afirmaba que había completado un currículum equivalente al que, si hubiera sido un hombre, le habría proporcionado un título de licenciado en humanidades por Harvard. Permaneció en Cambridge y el siguiente año pasó sus días en el observatorio, obteniendo créditos de posgrado y trabajando gratis. Tal vez su tío Erasmus había movido algunos hilos en su favor. Permaneció allí dos años.

No se ha encontrado ningún diario que explique qué le atraía de las estrellas. Al ser uno de los personajes menores de la historia, se ha permitido que su relato se pierda en el tiempo. Nunca se casó y murió joven, y tan sólo tras su muerte descubrimos, en un obituario escrito por su colega Solon Bailey, un testimonio de lo que pudo haber sido como mujer:

> Miss Leavitt heredó, en una forma algo casta, las severas virtudes de sus antepasados puritanos. Se tomaba la vida muy en serio. Su sentido del deber, de la justicia y la lealtad era fuerte. Le importaban poco los entretenimientos livianos. Era un devoto miembro de su íntimo círculo familiar, extremadamente altruista en sus amistades, invariablemente leal a sus principios, y profundamente concienzuda y sincera en su relación con la religión y la iglesia. Tenía la alegre facultad de apreciar todo aquello que es valioso y adorable en los demás, y poseía una naturaleza tan llena de luz que, para ella, toda la vida se volvía bella y llena de sentido.

A pesar de que el obituario no lo decía, también era sorda, aunque no de nacimiento. En su segundo año en Oberlin había tomado clases en el conservatorio de música. Para su nueva misión, los ojos eran mucho más importantes que los oídos, y tal vez la sordera era una ventaja ocupacional en un trabajo que requería una concentración tan intensa.

**2**

Pickering, siempre contento de tener a un voluntario motivado, la puso a trabajar registrando la magnitud de las estrellas, una técnica llamada fotometría estelar. Durante una fotografía de larga exposición, las estrellas más brillantes imprimen puntos más grandes sobre la placa fotográfica, oscureciendo químicamente más granos en la emulsión. Por lo tanto, el tamaño es un indicador del brillo. Mirando a través de un ocular, Miss Leavitt comparaba cada punto con estrellas cuyas magnitudes ya eran conocidas. A veces esta información se mostraba sobre una pequeña tabla marcada con círculos ordenados y etiquetados según su magnitud. Como tenía la forma de un matamoscas en miniatura, le llamaban el «azota-moscas». Cuando estaba satisfecha con la medida que había hecho del brillo, registraba la información en una hoja a rayas rosas y azules numerada secuencialmente de su libro mayor, con las iniciales «HSL».

Poco después le pidieron que buscara «variables», estrellas cuyo brillo iba y venía como si se tratara de un faro en cámara lenta. (Algunas de las más interesantes se encontraban en una constelación que podría haber considerado como su tocaya, Cygnus, el Cisne, por su apellido, Swan.) Algunas de las variables completaban su ciclo cada pocos días, mientras que otras tardaban semanas o meses. Su trabajo no era especular sobre el por qué. Durante un tiempo se creyó que cada estrella variable estaba de hecho formada por dos estrellas orbitando alrededor de un punto común, cada una eclipsando periódicamente la luz de su compañera. Pruebas más recientes indicaron que la temperatura (juzgada a partir del color de las estrellas) subía y bajaba al unísono con la luminosidad. Esto sugería que aquellas variables eran probablemente estrellas solitarias que periódicamente se inflamaban y se oscurecían. Las razones de la pulsación seguían siendo desconocidas. Esto era mucho antes de que se conociera el funcionamiento interno de las estrellas, y menos aún la razón por la que la llama no ardía regularmente.

En cualquier caso, los ritmos eran imperceptiblemente lentos y sutiles. (Los astrónomos quedaron sorprendidos al descubrir que la luminosidad de Polaris, la Estrella Polar, que habían estado ut lizando como referencia para medir las magnitudes, variaba con regularidad.) Tan sólo midiendo las estrellas en varios intervalos a lo largo del año se podían detectar las variaciones.

La fotografía lo hizo posible. Con densas nubes de estrellas en cada placa, era imposible comprobar todas y cada una. Para encontrar posibles candidatas, los investigadores cogían dos placas de la misma región tomadas en momentos diferentes y las alineaban, como un emparedado, una sobre la otra. Una imagen era el habitual negativo de estrellas negras producido por la cámara. El otro era un positivado. Las alineaban de tal manera que se cancelaban la una a la otra, excepto por las estrellas que habían variado de luminosidad. Aparecerían sutilmente diferentes. Un punto negro rodeado por un halo blanco indicaría, por ejemplo, que la luminosidad de la estrella había aumentado y su imagen sobre la placa se había expandido. Si una estrella parecía particularmente interesante, se comparaban más placas. (Si era necesario Pickering podía pedir placas nuevas a los astrónomos.) Placa a placa, las calculistas medían el punto a medida que aumentaba o retrocedía, escribiendo minúsculos números sobre la placa en tinta sepia.

Henrietta Leavitt pasaba día tras día realizando este duro trabajo, concentrándose en los datos con lo que una colega más tarde llamó «un entusiasmo casi religioso». Escribió un borrador sobre sus hallazgos, y poco después marchó a Europa en 1896, por donde viajó durante dos años. No sabemos dónde estuvo ni con quién.

No se había olvidado de la astronomía. Cuando desembarcó de nuevo en Boston, se reunió brevemente con Pickering, quien le sugirió algunas correcciones sobre su trabajo. Entonces, llevando el manuscrito consigo, fue a Beloit, Wisconsin, donde su padre era ahora ministro de otra iglesia. Debido a problemas personales, jamás explicados completamente, permaneció allí más de dos años, trabajando como ayudante de bellas artes en el Beloit College.

No le debió satisfacer el trabajo, porque el 13 de mayo de 1902 escribió a Pickering disculpándose por dejar que su investigación languideciera y por no haberse puesto en contacto durante tanto tiempo. Esperaba que le dejara retomar sus proyectos desde Wisconsin.

«El invierno después de mi retorno», explicaba, «lo ocupé con cuidados inesperados. Cuando, finalmente, tuve tiempo para poder retomar el trabajo, los ojos me molestaban hasta el punto de no poder utilizarlos con tanta intensidad.» Sus ojos ahora estaban fuertes, le aseguraba, y su interés por la astronomía no había disminuido. Le preguntó si le podía enviar las libretas que necesitaba para completar su manuscrito. «Estoy más que apenada por decirle que el trabajo en el que me impliqué con tanto deleite, y llevé a cabo hasta cierto punto, con verdadero placer, se deba dejar incompleto. Me disculpo sinceramente por no haber escrito mucho antes sobre este tema.»

También mencionó tener problemas con su oído, preocupándose, de manera un tanto extraña, de que la investigación astronómica los pudiera empeorar. «Mis amigas dicen, y reconozco que es verdad, que mi oído no funciona ni de lejos tan bien cuando estoy absorbida en el trabajo astronómico.» El frío parecía agravar su dolencia. «Es evidente que no puedo enseñar astronomía en ninguna escuela o facultad donde deba estar en la calle, por las clases, durante las frías noches. Mi otorrino me prohíbe pasar frío.»

«¿Cree que es posible que encuentre empleo en un observatorio o una facultad donde el invierno sea templado? ¿Hay alguien aparte de usted a quien pueda dirigirme?»

Se deduce de su carta que sus problemas auditivos eran más bien moderados; el primer achaque que menciona es el de los ojos. Sin embargo uno de los libros de referencia habituales, *Dictionary of Scientific Biography*, afirma que estando en Radcliffe ya era extremadamente sorda, un error que ha sido recogido y repetido una y otra vez.

Debió estar encantada con la respuesta de Pickering. Tres días después, le ofreció un trabajo a jornada completa. «Por el cual estaría dispuesto a pagarle treinta céntimos la hora a la vista de la calidad de sus resultados, a pesar de que nuestro precio habitual en tales casos es de veinticinco céntimos la hora», escribió. Si no le era posible mudarse, él le pagaría el billete para una corta visita a Cambridge. Podría recoger su trabajo para llevárselo a Beloit.

«No conozco ningún observatorio de clima cálido donde la pudieran emplear en un trabajo similar –continuaba– y sería difícil proporcionarle una gran cantidad de trabajo que pudiera llevar a otro lugar.» En cualquier caso, apuntaba, «Dudo mucho que la Astronomía tenga nada que ver con sus problemas de audición, a menos que un buen otorrinolaringólogo se lo haya asegurado».

Ella aceptó gratamente la propuesta de una visita de trabajo a la Colina del Observatorio. «Mi querido Profesor Pickering», contestó, unos días después, «Me ha resultado posible organizar mis asuntos para poder ir a Cambridge el próximo mes y permanecer hasta que finalice el trabajo. Su muy liberal oferta de treinta céntimos por hora me lo permitirá.» Tenía planeado llegar alrededor del inicio de clases en Harvard y retomar su trabajo antes del primero de julio.

En ruta hacia el observatorio, paró en Ohio para visitar a unos parientes, encontrando otro de los problemas familiares que parecían plagar su vida. «Es posible que la enfermedad de un pariente a quien me detuve a visitar en mi viaje hacia Cambridge me retenga durante un tiempo», escribió a Pickering, añadiendo que podría retrasarse varias semanas. «Me disculpo por el retraso, que parece ser inevitable, pero mi camino apunta hacia Cambridge y espero que no pase mucho tiempo antes de que me pueda presentar en el observatorio.»

Finalmente, el 25 de agosto, se puso en contacto con él desde una dirección en Brookline, Massachusetts, donde se alojaba temporalmente, anunciando su llegada.

«Ha sido una decepción para mí haber tenido que retrasar el inicio de mi trabajo durante tanto tiempo», escribió, «Finalmente estoy libre para dedicarme a él, y espero llegar al observatorio el miércoles por la tarde, entre las dos y media y las tres. Si hay alguna hora que le sea más conveniente, le ruego me lo indique mediante carta o teléfono.» Al principio sólo podía trabajar unas cuatro horas al día, pero estaba convencida de que pronto le podría ofrecer plena dedicación. «Espero que este largo retraso no le haya molestado.» No ha quedado registrado si Pickering comenzaba a cansarse de tantos lamentos. En los siguientes años habrían muchos más.

Tras trabajar durante todo el semestre de otoño pasó las vacaciones de Navidad de nuevo en Europa. Una carta con fecha del 3 de enero de 1903 la sitúa a bordo del S.S. Commonwealth, un vapor de la Dominion Line, escribiendo a Williamina Fleming a propósito de un cheque con dirección errónea. (El hermano joven de Henrietta, George, que vivía en Cambridge con el tío Erasmus, ahora viudo, ayudó a solucionar el problema.) Un año antes la línea naviera había iniciado un servicio de invierno entre Boston y el Mediterráneo, así que tal vez estaba de camino a Italia, o al sur de Francia, con un amigo. Es agradable imaginarla en cubierta, de noche, bien tapada para satisfacer a su otorrino, mirando las estrellas.

# 3

# La ley de Henrietta

Miss Leavitt es una verdadera «fanática» de las estrellas variables. Es casi imposible seguir el ritmo de sus nuevos descubrimientos.

–Un colega en una carta a Edward Pickering

Durante la primera circunnavegación de la Tierra, la flota de Fernando Magallanes confiaba en «ciertas nubes blancas brillantes» para orientarse. No hay una Estrella del Sur que seguir en el otro hemisferio pero la Gran Nube y la Pequeña Nube, como las llamaba Magallanes, ayudaban a mantener una dirección constante. Invisibles desde la mayoría del hemisferio norte, estas impresionantes formaciones aparecieron cuando la flota llegó a la latitud de lo que hoy es Brasil.

Ampliadas a través de telescopios, el par de nubes luminosas turbaban la mente. «En ninguna otra parte del cielo hay tal cantidad de nebulosas y masas estelares concentradas en un espacio tan pequeño», escribió el astrónomo John Herschel después de observarlas desde el Cabo de Buena Esperanza en 1834. Parecía que dos pedazos de la Vía Láctea se hubieran roto y alejado. Pero eso planteaba la cuestión siguiente: ¿Eran galaxias separadas y lejanas o algo más pequeño y cercano, suburbios de la Vía Láctea? Nada indi-

La Gran Nube de Magallanes (Observatorio de Harvard).

caba que la respuesta se pudiera encontrar en las imágenes de las Nubes de Magallanes que se habían tomado desde el Observatorio de Harvard en Arequipa, Perú. A Miss Leavitt tan sólo le encomendaron que buscara estrellas variables en las placas. Cada vez que localizaba una, determinaba sus coordenadas en la placa fotográfica, y cuidadosamente calculaba su variación de magnitud comparándola con otras estrellas.

Mientras trabajaba quizás recordase una historia que su padre le había contado sobre el propio Herschel. Pronunciando un discurso durante un encuentro anual de la Sociedad Misionera Americana, el reverendo Leavitt describió cómo los astrónomos de toda Europa habían recibido los grandes descubrimientos de su colega con incredulidad: «Los hombres le decían, en furiosas cartas, "No vemos lo que tu ves"». Herschel, continuaba el reverendo

Leavitt, tenía una respuesta preparada: «Tal vez no sois tan cuidadosos en vuestras observaciones como yo... [C]uando observo durante una noche de invierno coloco mi lente en el césped en Greenwich, y la dejo ahí hasta que el instrumento tiene la misma temperatura que el aire». Además, decía el reverendo, Herschel se aseguraba de que su propia temperatura corporal no afectara sus observaciones. «"A menudo", decía, "he permanecido en la fría intemperie durante dos horas antes de destapar la lente, porque debo llegar a tener la misma temperatura que el propio instrumento".»

El reverendo Leavitt encontró un mensaje espiritual bastante oblicuo en la anécdota, algo sobre cómo un predicador debe estar a la misma «temperatura» espiritual que su «instrumento» (la palabra de Dios), así como de la Biblia y de los cielos. Pero las palabras de Herschel eran más útiles para un joven astrónomo: a pesar del entusiasmo por descubrir una nueva estrella o nebulosa, un buen científico era al fin y al cabo aquel que cuidaba los menores detalles, ponderando cuidadosamente cada componente de una observación, por pequeño que fuera.

Al parecer, Henrietta encontró su meticuloso trabajo tan satisfactorio que modificó su plan original de llevarse la faena a Wisconsin. Después de un viaje a las Islas Británicas en verano de 1903 a bordo del H.M.S. Ivernia, hizo una rápida visita en tren a Beloit para preparar su mudanza a Cambridge como miembro permanente del personal del observatorio.

Su decisión tuvo su recompensa. Un día de primavera de 1904 estaba comparando placas de la Pequeña Nube de Magallanes, tomadas en momentos diferentes, cuando se dio cuenta de que en el mar de estrellas varios puntos habían aumentado y después reducido su tamaño. Variables. Su interés creció y examinó otras imágenes encontrando docenas de variables más.

Aquel otoño se realizaron dieciséis placas más de esta nebulosa desde Arequipa, y llegaron al observatorio en enero. Cuando Miss Leavitt comenzó a examinar las nuevas fotografías, aparecían variables una detrás de otra, «un número extraordinario», escribió luego. Los resultados, publicados en las circulares habituales del observatorio, causaron una inmediata conmoción.

«Miss Leavitt es una verdadera "fanática" de las estrellas variables», escribió un astrónomo de Princeton a Pickering, «Es casi imposible seguir el ritmo de sus nuevos descubrimientos». Incluso los periódicos se dieron cuenta. Una columna de noticias breves del Washington Post decía, jocosamente: «Henrietta S. Leavitt, del Observatorio de Harvard, ha descubierto veinticinco nuevas estrellas variables. Su récord casi iguala el de Frohman». (Charles Frohman era un poderoso productor y agente de teatro.)

Día tras día, cuantificaba los puntos de luz pulsantes, llenando columna tras columna de números. Si había algo notable o extraño acerca de una variable solía añadir un comentario. La estrella con número de Harvard 1354 era «la estrella más al norte de una pareja muy junta, en un grupo de cinco». La número 1391 era «la estrella más al sur de una línea de tres». La número 1509 «parece estar en el centro de un cúmulo pequeño y débil».

Cada estrella era un individuo. En poco tiempo, había descubierto y catalogado cientos de ellas en las dos Nubes de Magallanes, algunas de las cuales no eran más brillantes que la decimoquinta magnitud, miles de veces más débiles que las estrellas más débiles que podría haber visto en una noche despejada en el campo de Nueva Inglaterra.

Se alojaba con el tío Erasmus en una gran villa de estilo italiano (ahora parte de la Escuela de Música Longy) que habían construido para él en Garden Street. La casa estaba a un corto paseo de la Colina del Observatorio, donde, durante los próximos años, continuó su investigación. Pieza a pieza, sus resultados aparecían en breves informes de progreso que daba a Pickering o a Bailey para que los leyeran en su ausencia en las reuniones de diciembre de la Sociedad Americana de Astronomía y Astrofísica, cuando ella volvía a Beloit por Navidad. En 1908, seis años después de haber retomado su trabajo, publicó una memoria completa, «1777 Variables de las Nubes de Magallanes» en los Anales del Observatorio Astronómico de Harvard. Con una extensión de veintiuna páginas, el artículo incluía dos placas y quince páginas de tablas.

El apabullante número de variables ya era de por sí sorprendente. Pero un lector con suficiente paciencia como para llegar hasta el final del artículo encontraría algo todavía más impresionante. Casi como un añadido, había seleccionado dieciséis de las estrellas, colocándolas en una lista aparte con sus periodos y sus magnitudes. «Vale la pena comentar», observó, que «las variables más brillantes tienen periodos más largos.»

A la vista de lo que los astrónomos saben en la actualidad, ésta es una descripción tan parca como la que hicieron Watson y Crick al final de su famoso artículo de 1953 sobre la estructura de doble hélice del ADN: «No se nos ha escapado constatar que el emparejamiento concreto que acabamos de postular sugiere un posible método de copia del material genético». Y esto cuando les estaban contando a sus colegas que habían descubierto el secreto de la vida.

Miss Leavitt no estaba siendo tímida. Sencillamente no quería sacar conclusiones equivocadas de los datos. Dado que todas las variables estaban en las Nubes de Magallanes, deberían estar aproximadamente a la misma distancia de la Tierra. Si la correlación que había insinuado fuese cierta, se podría deducir la luminosidad verdadera de una estrella a partir del ritmo de su pulsación. Entonces se podría comparar ésta con su luminosidad aparente y estimar su distancia. Ésta era una conclusión demasiado profunda para fundamentarla en tan sólo dieciséis estrellas. Había que tomar más mediciones.

## 2

Pero eso tardaría en ocurrir. El mismo año en el que se publicaron sus resultados, Henrietta cayó enferma. El 20 de diciembre escribió a Pickering desde un hospital de Boston, donde había estado confinada durante la anterior semana, agradeciéndole «las preciosas rosas de color rosa» y el «amable pensamiento tan bellamente expresado». Significa mucho para mí en un momento como éste darme cuenta de que mis amigos me recuerdan».

Para descansar, volvió a Wisconsin para quedarse con sus padres y dos hermanos solteros, George, ahora misionero, y Darwin, también clérigo. Después de descansar durante la primavera y el verano, planeaba retomar su trabajo en otoño. Pero en septiembre informó a Pickering de que una «ligera enfermedad» contraída tras una visita a un lago cercano a Beloit «se ha mostrado inesperadamente obstinada, y no puedo decirle cuándo podré marchar».

En octubre, después de haberse ausentado durante casi un año, Pickering escribió para preguntar si le gustaría que le enviara algo de trabajo. A principios de diciembre, al no recibir respuesta, preguntó de nuevo, mostrando esta vez una cierta impaciencia. «Mi querida señorita Leavitt –comenzaba– Me apena mucho su incesante enfermedad. Espero que no emprenda su trabajo aquí hasta que lo pueda hacer de forma segura. Sin embargo podría quitarle un peso de encima si aclaráramos dos o tres cuestiones...»

En primer lugar le pidió que le enviara una carta a principios de cada mes explicando si volvería en algún momento próximo. Después le propuso que escribiera un breve informe (lo que se conocía como una Circular del Observatorio de Harvard) describiendo los resultados preliminares de otro estudio en el que había estado involucrada, la Secuencia Polar Boreal, un esfuerzo hercúleo para medir, con más exactitud que nunca, las magnitudes de noventa y seis estrellas cercanas a Polaris. Éste era uno de los proyectos predilectos de Pickering, al que daba una prioridad mayor que al estudio de las variables. Esperaba que la Secuencia Polar Boreal se convirtiera en el patrón de referencia para medir la luminosidad de las estrellas a lo largo y ancho del cielo.

Ella contestó tres días después, disculpándose porque su excesiva debilidad le había impedido contestar su carta anterior. «Gracias por expresar su deseo de que espere a una recuperación completa antes de volver a Cambridge; sería todavía más duro para mí, de lo que es ahora, estar sin trabajar si me sintiera presionada, especialmente por usted. La idea del trabajo inacabado, particularmente el de las Magnitudes Estándar, tengo que evitarla en la medida de lo posible, ya que me afecta negativamente los nervios.» Si estaba o no igual de ansiosa al pensar en sus variables de Magallanes no llegó a comentarlo.

Mantenía la esperanza de que su salud mejorara lo suficiente como para retomar el trabajo después de Navidad. «Saber la molestia que le causa a usted el que esté enferma no es el menor de mis pesares.»

A mediados de enero, Pickering escribió de nuevo, encabezando la carta con el ya conocido saludo y lamento. «Querida señorita Leavitt: Con mucho pesar recibo la noticia de que su enfermedad le obligará de nuevo a posponer su retorno a Cambridge. Se me ocurre que, cuando vuelva, podría usted realizar la mayoría de su trabajo en su habitación, ahorrándose así el paseo hasta el observatorio.»

Mientras tanto, ella ya le había dicho a la señora Fleming que estaba preparada para trabajar desde Beloit, y Pickering, subrayando de nuevo la importancia de la Secuencia Polar Boreal, le fue describiendo algunas de las fotografías que pensaba enviarle, incluyendo una del Observatorio del Monte Wilson en California, donde un nuevo telescopio de 60 pulgadas, el mayor existente, estaba captando estrellas de una debilidad pasmosa. Explicó sus ideas y cómo debería proceder con sus mediciones. «¿Qué le parece este plan, y, se le ocurre alguna mejora?... Espero que no permita que estos asuntos la inquieten, y que no emprenda ninguno de estos trabajos sin el consentimiento de su doctor.»

Unas semanas después recibió una caja de Cambridge cargada de placas fotográficas, copias en papel, libros de registro, un marco de madera, y un ocular de una pulgada y media, permitiéndole retomar su trabajo. Respondió asegurando que ahora estaba «suficientemente fuerte como para trabajar dos o tres horas al día, y muy satisfecha de tener la posibilidad de utilizar dicho tiempo para avanzar en la investigación». Esperaba, como siempre, volver pronto a Cambridge.

Durante los siguientes tres meses continuó con sus cálculos, enviando detallados informes a la Colina del Observatorio. Su salud continuaba mejorando pero a un ritmo tan lento que tanto ella como Pickering debían encontrarlo exasperante. «Es una verdadera pena que mi último intento de fijar una fecha para mi retorno a Cambridge haya fracasado como los anteriores», le escribió en abril, casi un año y medio después de que comenzara su ausencia. Esta vez, le aseguraba, el retorno era realmente inminente. «Mi médico todavía no ha dado su consentimiento para el viaje, esperando estar seguro de mi recuperación. Ahora espero recibir su permiso un día de estos y estar preparada para hacer planes definitivos para retomar mi trabajo.»

El 14 de mayo de 1910 finalmente volvió a Cambridge, o por lo menos estaba en camino. Su nombre y el de su colega Annie Cannon aparecen en una lista de empleados del observatorio que piden entradas para la ceremonia anual de inauguración del curso de Harvard.

Su vuelta al observatorio no duró demasiado. El siguiente marzo su investigación fue interrumpida cuando su padre murió, dejando a su viuda una modesta finca que después de los costes de la certificación oficial del testamento y el pago de deudas se valoró en poco más de 9.000 dólares. (Había conservado la casa de Warland Street, donde Henrietta había estado de niña, y poseía una pequeña cantidad de acciones de una compañía minera en la que su hermano Erasmus era consejero.) Después de agradecer las flores recibidas de sus colegas, Henrietta partió hacia Beloit para consolar a su madre.

Cuando en junio todavía no había vuelto, Pickering le envió una caja con setenta placas fotográficas y más material para la Secuencia Polar Boreal, pero ella no consiguió concentrarse durante demasiado tiempo en el trabajo. Diez días después le escribió informándole de que ella y su madre partían «bastante inesperadamente» hacia Des Moines para estar con unos parientes políticos. No ofreció ninguna explicación.

Llevó las placas a la biblioteca del Beloit College para que se las guardaran. «Es un edificio nuevo e ignífugo –le aseguró– y estará abierto todo el verano. Las placas están en un estante resistente en una esquina de la oficina privada del bibliotecario, y lucen una etiqueta en la que se indica que nadie las toque. Se han dado instrucciones al conserje... Será una desilusión perder casi un mes de trabajo sobre esas placas, pero confío en adelantar mucho trabajo con los papeles que llevaré conmigo.»

Su investigación no quedó completamente relegada. Incluso encontró tiempo para sus estrellas variables, enviando un informe a Pickering para que lo leyera en una conferencia en Ottawa. Después de varios retrasos más y diversas cartas de disculpas, volvió aquel otoño a casa de su tío en Garden Street.

Al disponer finalmente de una temporada larga sin interrupciones, volvió a preocuparse del extraño asunto de las variables de Magallanes, dibujando veinticinco de ellas en un gráfico con su luminosidad en un eje y su periodo en el otro. Los resultados se publicaron en 1912 en una Circular de Harvard bajo el nombre de Edward Pickering: «El siguiente informe sobre los periodos de 25 variables de la Pequeña Nube de Magallanes ha sido preparado por Miss Leavitt».

La relación ahora parecía más clara que nunca. Las estrellas se alineaban tan limpiamente que, de la impresión recibida, hasta se atrevió a exclamar: «Se puede ver una notable relación entre la luminosidad de estas variables y la longitud de sus periodos». Cuanto más brillaba una estrella, más lentamente pulsaba. El porqué no lo sabía, y por ahora poco importaba. «Dado que las variables están aproximadamente a la misma distancia de la Tierra parece que sus periodos están relacionados con su emisión intrínseca de luz.»

En otras palabras, se podía determinar su verdadera luminosidad. Sin dejar la Tierra, se podían contar los pulsos del ritmo de la estrella, y utilizar este número para calcular su magnitud absoluta. Comparando este valor con su magnitud aparente se obtendría la distancia a la que se encuentra.

El universo había proporcionado, al observador especialmente avezado, una pista de su grandeza. Imagínese estar sentado de noche en su terraza mirando hacia un campo oscuro. En algún lugar del campo hay una misteriosa distribución de luces eléctricas. Algunas son brillantes, algunas débiles, pero como no conoce su verdadera luminosidad, no puede decir si se encuentran a diez metros o a kilómetros de distancia.

Ahora suponga que las luces parpadean, y que alguna autoridad internacional ha decretado que las bombillas se fabriquen de tal manera que parpadeen según su luminosidad. Las bombillas de 50 vatios parpadean más rápido que las de 100 vatios. Si dos de los faros están pulsando a la misma frecuencia, usted sabe que tienen la misma luminosidad. Si uno de ellos parece, por ejemplo, cuatro veces más débil, debe ser que está más lejos.

Para ser precisos, estaría dos veces más lejos. La luz que viaja por el espacio pierde luminosidad siguiendo la ley del cuadrado inverso. Eleve al cuadrado el cociente de las distancias y obtendrá el cociente de luminosidades aparentes. Si todo lo demás permanece igual (que casi nunca ocurre), una luz que es nueve veces más débil que otra debe estar tres veces más lejos.

A pesar de que Miss Leavitt no utilizó el término en su documento, las variables que poseen esta notable propiedad se llaman Cefeidas, por la primera que fue descubierta, en 1784, en la constelación Cepheus por un astrónomo amateur inglés llamado John Goodricke. (Él y Henrietta tenían algo más en común que la astronomía: Goodricke era sordo y ella lo era cada vez más.) La nueva ley que relacionaba el periodo y la luminosidad se conocería como la regla de las Cefeidas, una manera de medir grandes distancias espaciales.

Tan sólo había un problema: sus Cefeidas sólo revelaban sus distancias relativas. Podía decirse con seguridad que una estrella estaba dos veces más lejos que otra, y tres veces más lejos que otra. ¿Pero estaban a uno, dos y tres años luz de la Tierra, o bien a veinte, cuarenta y sesenta? No había manera de saberlo. Para convertir las proporciones en verdaderas distancias, alguien tenía que descubrir a qué distancia estaban las estrellas más cercanas a la Tierra.

Por ahora, la nueva vara de medir de Miss Leavitt no tenía números. El siguiente paso sería calibrarla.

# Triángulos

No había pensado en usar de una manera tan
bella como usted lo hace el descubrimiento de
Miss Leavitt sobre la relación entre periodo y
luminosidad absoluta.

–Henry Norris Russell,
en una carta a Ejnar Hertzsprung

Coloque un dedo a unos diez centímetros de la cara y alternativamente guiñe un ojo y el otro. El dedo rápidamente cambia de posición, y si lo pone más lejos el desplazamiento es menor. El marco
de la ventana se mueve todavía menos y el poste telefónico de la
esquina apenas lo hace. La separación de los ojos –los astrónomos
y topólogos lo llaman la línea de base– es demasiado pequeña.
Podemos apreciar la profundidad del mundo cercano a nosotros,
pero si miramos lejos parece plano. Las montañas lejanas podrían
estar recortadas en cartón.

Conectado por la naturaleza para registrar este efecto (recordemos que se llama paralaje), el cerebro lleva a cabo una especie
de trigonometría neurológica. Los dos ojos y el objeto delante de
ellos forman un triángulo, e inconscientemente, nosotros calcula-
mos la distancia de la base al vértice. Sin siquiera pensar en ello,
triangulamos.

Ahora levántese y camine de un lado de la ventana al otro, más o menos un metro. El tamaño de su línea de base habrá aumentado, y ahora parece que el poste telefónico se mueve respecto al edificio que tiene detrás. El efecto sería el mismo que el de tener una cabeza muy ancha, con un ojo a cada lado de la ventana observando con ángulos diferentes. Mida la separación entre los dos puntos de observación, la base del triángulo imaginario y los ángulos formados por cada borde de la ventana y el poste. Puede hacerlo con un tránsito de topógrafo (una especie de goniómetro). Con tan sólo esta información y algo de trigonometría de bachillerato, puede calcular la altura del triángulo, la distancia al poste telefónico. El cálculo no nos preocupa ahora. Tan sólo importa que la propia naturaleza de los triángulos permite definirlos completamente con sólo tres datos, dos ángulos y un lado o un ángulo y dos lados. Todas las demás dimensiones son una consecuencia de éstas.

Con una línea de base más ancha –un ojo en cada lado de la calle– podría medir a qué distancia está el edificio. Con una anchura suficientemente grande, incluso las montañas del horizonte parecerían moverse.

La historia de las mediciones astronómicas antes del descubrimiento de Henrietta Leavitt puede condensarse en la descripción de cómo la gente aprendió a utilizar triángulos cada vez más grandes para apuntar más lejos en el cielo.

Si se envían dos observadores a dos puntos diferentes de la superficie de la Tierra y si la separación es lo bastante grande, cada uno verá la luna en una posición ligeramente diferente respecto a las estrellas de fondo. Si se miden los dos ángulos simultáneamente (tendrían que sincronizar sus relojes) y, si se conoce la longitud de la línea de base, se puede triangular.

En una variante de este procedimiento, el astrónomo griego Hiparco utilizó un eclipse solar como reloj en el siglo II a.C. Cuando el sol quedó completamente cubierto en el Helesponto, el estrecho al noroeste de Turquía cerca de la antigua ciudad de Troya, el eclipse tan sólo era de cuatro quintos en Alejandría. Si se pudiera congelar el tiempo y saltar de uno de estos dos puntos al otro, pare-

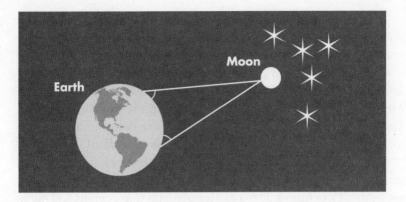

Paralaje lunar.

cería que la luna se mueve una distancia igual a una quinta parte del tamaño del disco solar, como si la Tierra estuviera guiñando los ojos. El sol ocupa aproximadamente medio grado de la esfera celeste, así que el paralaje de la luna era de un décimo de grado.

Si Hiparco hubiera conocido la distancia entre Troya y Alejandría –el tamaño de la línea de base– podría haber obtenido su respuesta. En cambio, utilizó una combinación más compleja de triángulos que le permitió calcular que la distancia a la luna debía ser unas treinta veces el diámetro de la Tierra. La proporción era correcta. Más tarde se ha sabido que el planeta tiene unos 13.000 kilómetros de diámetro. Usando este número, el método de Hiparco habría colocado la luna a 386.000 kilómetros de distancia. Dos mil años más tarde, se supo el valor exacto haciendo rebotar señales de radar sobre la luna y midiendo el retraso del eco. Alta o baja tecnología, el valor resulta más o menos igual.

Saltándonos la Edad Media, dominada por la cosmología brillantemente errónea de Ptolomeo, con todos los cuerpos celestes haciendo cabriolas a nuestro alrededor como si se tratara de un parque de atracciones, el siguiente gran paso no llegó hasta el siglo XVI. Copérnico devolvió el Sol al centro del sistema solar; entonces Kepler refinó el modelo, cambiando las órbitas circulares de los planetas por elipses y mostrando cómo se debían colocar.

Una de sus leyes es de particular interés para aquel que quiera medir el universo: Cuanto más lejos está un planeta, más tarda en completar su viaje. A partir de la duración del año marciano, se podría deducir que el planeta está un cincuenta por ciento más lejos del Sol que la Tierra. El mismo cálculo se podría hacer con Mercurio, Venus, Júpiter, Saturno... Cuando se tuvieran todas las proporciones, se podría usar el paralaje para determinar una sola de las distancias. Las otras se obtendrían de inmediato.

Pero es más fácil decirlo que hacerlo. Medir el diminuto desplazamiento de la luna, vista desde dos puntos de la Tierra, ya había sido difícil. Y es que incluso para los planetas más cercanos, el paralaje es tan pequeño que cualquier minúsculo fallo al medir un ángulo o la longitud de una línea de base puede dar al traste con el cálculo.

Pero esto no impidió que los astrónomos lo intentaran. Coordinando sus esfuerzos con relojes de péndulo, y mediante observadores estacionados en París y en la isla de Cayenne en América del Sur, advirtieron en 1672 que la posición de Marte se desplazaba meramente 25 segundos de arco. Adoptando la útil ficción de que los cielos consisten en una cúpula hemisférica sobre nosotros, los astrónomos dividen la distancia de horizonte a horizonte en 180 grados, medio círculo. Cada grado se divide en 60 unidades llamadas minutos, cada uno de los cuales se divide en 60 segundos. Veinticinco segundos de arco es 1/144 de un solo grado, una porción extremadamente pequeña de cielo.

La distancia de Marte calculada con esta delicada operación se acercaba mucho a su valor real, pero la precisión fue accidental. Había tanta incertidumbre en las medidas que unos errores se anularon con otros, obteniendo por casualidad un valor bastante bueno. Pasarían más de cien años antes de que aparecieran métodos más fiables.

# 2

Dos veces cada siglo, separados por tan sólo unos años, Venus, el planeta más cercano, pasa entre la Tierra y el Sol. El resultado es como un eclipse, excepto porque, como Venus es tan distante, tan sólo se ve como un pequeño círculo. Nadie se daría cuenta si no lo contemplara deliberadamente. Si observadores desde posiciones diferentes midieran el tiempo que tarda en cruzar el disco solar, se podrían comparar las lecturas y así triangular. El resultado es la distancia de Venus, e introduciendo este número en las ecuaciones de Kepler, se obtienen las distancias de todos los planetas al Sol.

Edmond Halley, el gran astrónomo británico, había perdido su oportunidad de observar este raro fenómeno, llamado el tránsito de Venus. Vivió, para su desgracia, entre la pareja de sucesos de 1631 y 1639 y el retorno predicho para 1761 y 1769. Se consoló, sin embargo, retando a la siguiente generación de astrónomos a que se dispersaran alrededor del mundo para medir el paralaje de Venus.

Le aceptaron el reto, con expediciones partiendo hacia Siberia, la Bahía de Hudson, Baja California, el Cabo de Buena Esperanza y Tahití. Algunas de ellas fracasaron, y algunos de los datos resultaban sospechosos por la dificultad de determinar exactamente cuándo el borde borroso de Venus, un planeta envuelto por nubes químicas, cruzaba el disco solar. Pero con toda la atención centrada en el planeta (hubieron más de 150 observaciones), los astrónomos recogieron suficientes datos como para medir la distancia a Venus. A partir de aquí, concluyeron, vía Kepler, que el Sol se encontraba a 147 millones de kilómetros, tan sólo 3 millones menos que el valor que hoy en día aprenden los estudiantes.

Era complicado extrapolar el método. Con una estrella calculada y toda una galaxia por delante, el arte de la triangulación ya estaba llegando al límite. Incluso con un triángulo imaginario cuya base se extendiera a lo largo de todo el diámetro de la Tierra, apenas se podía medir el paralaje de los planetas más cercanos. ¿Cómo se podía pensar en medir la distancia a las estrellas?

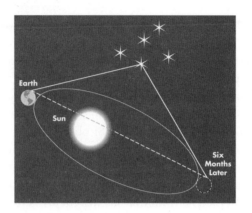

Paralaje utilizando el diámetro de la órbita
terrestre como línea de base.

Los astrónomos habían hecho algunos cálculos aproximados. Si se supone que todas las estrellas emiten la misma cantidad de luz –que tienen la misma luminosidad intrínseca– se puede comparar cuánto más débil parece Sirio desde la Tierra que nuestra propia estrella, el Sol. Con la ley del cuadrado inverso (algo el doble de lejos brilla cuatro veces más débilmente) se puede estimar la distancia. Estos cálculos tan primitivos sirvieron para demostrar que incluso las estrellas más brillantes estarían cientos de miles de veces más lejos que el Sol, mucho más allá del alcance del paralaje terrestre. Incluso viajando a las antípodas es imposible detectar el más mínimo movimiento.

Parecía que medir distancias estelares requeriría dejar el planeta, observando primero la posición de la estrella desde la Tierra y después desde un punto a millones de kilómetros de distancia. O quizás se podía permanecer sobre la Tierra y dejar que ésta nos llevara de un lado a otro de su órbita. Éste fue precisamente el siguiente paso. El radio de esta gran elipse, la distancia de la Tierra al Sol, se conocía con bastante precisión. Tan sólo hacía falta doblar la cantidad: cada seis meses los habitantes de la Tierra miran el cielo desde posiciones separadas por 300 millones de kilómetros. Si dibujamos un triángulo con esta distancia como línea de base es posible medir el paralaje de las estrellas cercanas.

Galileo había indicado cómo llevar a cabo tal experimento. El cielo está lleno de estrellas dobles, algunas de las cuales deben ser ilusiones ópticas: estando en realidad muy lejos la una de la otra en el espacio, parecen alinearse debido al ángulo con el que las vemos. Si una de ellas está mucho más cerca de nosotros que la otra, el paralaje hará que parezca que se acercan y separan a medida que nosotros damos la vuelta al Sol. (Son como dos postes telefónicos, uno detrás de otro, que convergen y divergen cuando pasas en coche.)

Los instrumentos disponibles no fueron lo bastante buenos como para hacer estas mediciones hasta principios del siglo XVIII. El astrónomo William Herschel construyó un telescopio de seis metros de largo con un espejo de 50 centímetros de diámetro. Cuando vio que no era lo suficientemente potente, construyó un telescopio de doce metros de longitud, con un espejo de 120 centímetros, tan grande que pesaba una tonelada. Trabajando con su hermana, Caroline, descubrió Urano y unos 2.000 cúmulos estelares y nebulosas (que, suponía, no eran nubes de gas pequeñas y cercanas, sino galaxias tan lejanas que las estrellas individuales parecían emborronadas). También descubrió centenares de estrellas dobles que Galileo había sugerido que se podrían usar para medir las distancias.

Al final el proyecto fracasó. Un estudio estadístico demostró que era muy difícil que dos estrellas se alinearan para imitar una doble. La mayoría de las dobles eran verdaderas dobles, estrellas adyacentes que se orbitan mutuamente, demasiado cercanas para que se pudiera detectar el paralaje.

Con la siguiente generación de astrónomos el paralaje estelar alcanzó la mayoría de edad. John, hijo de Herschel (al que habíamos escuchado antes entusiasmarse con las Nubes de Magallanes), estableció un observatorio en el Cabo de Buena Esperanza, cerca de la punta más austral de África. Allí, los astrónomos determinaron que la estrella Alfa Centauri cambiaba de posición cada seis meses en menos de un segundo de arco: 1/10.000 de un grado, una cantidad frustrantemente pequeña pero suficiente para hacer algo de trigonometría. Calculando la altura de este triángulo extremadamente delgado se llegaba a la conclusión de que la estrella se hallaba a 40 billones de kilómetros, tan lejos que su luz tardaba más de cuatro años en llegar a la Tierra. Y éste era el siguiente sol, la estrella más próxima.

A continuación también midieron otros dos vecinos, Vega y una estrella llamada 61 Cygni. Un poco más tarde hicieron lo propio con Sirio y Procyon. Todas estaban a unos pocos años luz de distancia en un universo que se creía que tenía un diámetro de miles de millones de años luz. A principios del siglo xx, cuando Henrietta Swan Leavitt llegó al Observatorio de Harvard, ya se habían triangulado casi un centenar de estrellas más. Pero la gran mayoría de las estrellas no mostraban nada de paralaje, incluso usando una línea de base tan enorme. Estaban inconcebiblemente y, al parecer, inmensurablemente, lejos.

**3**

Si una sola de las estrellas variables de Miss Leavitt hubiera estado a una distancia de triangulación, los astrónomos habrían superado la barrera del paralaje y habrían comenzado a medir el espacio profundo. Recordemos que si dos de sus variables Cefeidas pulsaban al mismo ritmo debían tener, según la relación que ella había descubierto, la misma luminosidad intrínseca. Si una parece brillar tan sólo una centésima parte que la otra, sabemos (por la ley del cuadrado inverso) que está diez veces más lejos. Si se pudiera usar el paralaje para establecer la distancia de una Cefeida cercana, sería posible conocer la distancia hasta todas las demás. Comparando variables Cefeidas de varios ritmos e intensidades, se podría ir dando saltos a través del universo.

La naturaleza, sin embargo, no estaba tan bien dispuesta. La Cefeida conocida más cercana, la Estrella Polar, estaba demasiado lejos como para que su posición variara, incluso desde el otro lado de la órbita terrestre. Está, según datos modernos, a 400 años luz de distancia. Con el paralaje tan sólo se llegaría a una fracción de esta distancia. Las Cefeidas que se habían utilizado para deducir la ley de Leavitt estaban mucho más lejos.

Lo mejor que podía hacer un astrónomo era decir que una determinada Cefeida estaba, según su ritmo, a una décima parte de la distancia de aquellas otras en la Pequeña Nube de Magallanes, mientras que otra Cefeida estaba, tal vez, tres veces más lejos. El universo se podía dividir en unidades llamadas PNM. Pero aquello exigía una respuesta a la pregunta: ¿Y a qué distancia, en kilómetros o en años luz, estaba la Pequeña Nube de Magallanes?

Antes de que las estrellas de Miss Leavitt se pudieran convertir en verdaderas varas de medir, se tenía que hallar algún método para extender el paralaje lo bastante como para llegar hasta una Cefeida. Eso exigía hacer observaciones a lo largo de una línea de base todavía mayor que la anchura máxima de la nave llamada Tierra alrededor del Sol. Lo que necesitábamos era una nave mayor y más rápida. Y por extraño que parezca, había una disponible: la nave espacial llamada Sol.

Según la leyenda, cuando la Inquisición llamó a Galileo para que renegara de sus ideas copernicanas, murmuró por lo bajo, «Y sin embargo se mueve». La referencia, por supuesto, era a nuestro planeta. Se habría llevado la misma sorpresa que sus torturadores al saber que el Sol también se mueve, en una lenta deriva por la Vía Láctea, arrastrando a sus planetas consigo.

El movimiento es apenas perceptible. A finales de la década de 1700, el mayor de los Herschel, William, descubrió que las estrellas en la dirección de Hércules se movían según una curiosa regla: a lo largo de los años, parecen estar alejándose radialmente de un lejano punto común, como hacen los copos de nieve vistos desde un coche de noche. En la dirección opuesta, hacia la constelación Columba, las estrellas convergían, como los copos de nieve vistos por la ventanilla trasera. Nuestro sistema solar, concluyó, estaba dejando Columba y dirigiéndose hacia Hércules. Desde entonces los astrónomos han calculado que la velocidad de este viaje a través del espacio es de 19 kilómetros por segundo, o unos 50 millones de kilómetros al año. El paralaje causado por el viaje provocaba que las constelaciones se apretaran y se estiraran a lo largo del tiempo. Los antiguos griegos miraban hacia un cielo ligeramente diferente al nuestro.

A un medidor del universo, moviéndose con el Sol, las estrellas más cercanas le parecerán que se desplazan más rápido que las más lejanas, mientras que no le parecerá que las más remotas se muevan en absoluto. Deberá anotar cuidadosamente la posición de una Cefeida, y medirla de nuevo unos años más tarde, cuando el Sol haya arrastrado a la Tierra y a sus astrónomos hasta una posición diferente. Calculará a continuación la longitud de esta enorme línea de base, y después triangulará. Con la distancia de una Cefeida establecida, se podría calibrar la regla de Leavitt y medir las demás.

El primero en intentarlo fue un astrónomo danés llamado Ejnar Hertzsprung. Utilizó el movimiento del Sol para triangular la distancia hasta algunas de las Cefeidas de la Vía Láctea. Correlacionando luego el ritmo de pulsación con la luminosidad, extrapoló aquellas distancias, publicando en una revista llamada Astronomische Nachrichten que la distancia a la Pequeña Nube de Magallanes era de 3.000 años luz.

Era una distancia enorme para los estándares astronómicos de la época. Y, sin embargo, era errónea. Tal vez algún editor de la revista se había asustado al ver el número real, eliminando inconscientemente un cero. Según los cálculos de Hertzsprung, la nebulosa se encontraba diez veces más lejos, a 30.000 años luz.

Más o menos al mismo tiempo, el astrónomo norteamericano Henry Norris Russell había utilizado un método diferente para llegar al valor todavía más impresionante de 80.000 años luz. «No se me ocurrió usar de una manera tan bella como usted lo hace el descubrimiento de Miss Leavitt sobre la relación entre periodo y luminosidad absoluta», le escribió más tarde a Hertzsprung. «Por supuesto hay un cierto elemento de incertidumbre, pero creo que es una hipótesis legítima.»

La regla de las Cefeidas todavía necesitaba ajustes, pero los astrónomos finalmente tenían esperanzas fundadas de poder trascender las estrellas más cercanas, descubrir el tamaño y la forma de la galaxia... y de lo que, si existía, había más allá.

# 4

Henrietta Leavitt no pudo investigarlo. Pickering la mantuvo atada a otros proyectos. Éste no era de los que les gustaba teorizar, y creía, en palabras de su colega Solon Bailey, «que el mejor servicio que podía prestar a la astronomía era la acumulación de hechos». Comenzando en agosto de 1912, el año en que se publicó su descubrimiento sobre las Cefeidas, Leavitt documentó su rutina diaria (en un idioma comprensible únicamente por astrónomos), en una libreta encuadernada en cuero rojo y negro:

*8 de octubre. Carta de Hertzsprung, con fecha de 3 de octubre de 1912, del Monte Wilson. Tema, Método para transformar magnitudes fotográficas a visuales utilizando longitudes de onda efectivas. Ha descubierto que un cambio en el índice de color, usando las magnitudes fotográficas del Dr. Murch y las magnitudes fotométricas de Harvard, de una magnitud, corresponde a un cambio en la longitud de onda efectiva ( f) de 200 Angstroms.*

*19 de octubre. Superpuestas las placas H 361, exp. 10 min, magn. límite 15,6 y H385, isocromática, magnitud límite 14,9. Las estrellas rojas parecían de casi la misma magnitud en las dos placas, mientras que las blancas eran más brillantes en H 361. Los colores eran fáciles de asignar.*

*22 de octubre. Acabada la revisión de 32 secuencias al norte de +75 grados, y comparadas con tabla marcada. Di las placas a Miss O'Reilly para su identificación.*

Y así siguió durante los siguientes cuatro años, excepto por algunos huecos, a veces de varios meses, indicios de una enfermedad recurrente. En la primavera de 1913 se ausentó durante tres meses para recuperarse de una operación de estómago. Tan sólo una vez en todas esas páginas, el 13 de enero de 1914, se permite alguna emoción: «Completada la discusión de Magn. Fotovisual Prov. de la Sec.P.B., completando H.A. 71, 3. !!! después de tantos años.»

Traducción: Había acabado, o eso creía, la medida de su Secuencia Polar Boreal, noventa y seis estrellas cuya magnitud había determinado con tal autoridad y cuidado que se usarían como estándar para el resto del cielo. Pero todavía quedaban por hacer algunas comprobaciones. El trabajo se publicó finalmente, tres años más tarde, en los Anales del Observatorio Astronómico de Harvard, volumen 71, número 3; la totalidad de sus 184 páginas. Tal vez ella y su madre se permitieron celebrarlo con champán.

Árido como un desierto para los no iniciados, su informe era un trabajo magnífico, combinando datos de 299 placas fotográficas tomadas por trece telescopios diferentes. Cada magnitud había sido comprobada y comparada, teniendo siempre presente la diferencia entre los meros datos y los verdaderos fenómenos. Por muy cuidadosamente que se midiera, cada número no representaba la luminosidad de la estrella sino la intensidad de su imagen sobre una placa fotográfica. En un mundo perfecto estos dos valores serían idénticos. En realidad, cada telescopio y cada tipo de placa fotográfica tenía sus peculiaridades, respondiendo de forma diferente a unos colores o a otros. Las imágenes cercanas al centro de la placa eran más fiables que las laterales.

Página tras página, describía cómo había corregido los diversos errores y dado solución a las incertidumbres. Había un razonamiento detrás de cada número. Cada estrella era un proyecto en toda regla.

Cuando llegó al final del estudio, sabía que no era perfecto. «Es deseable que la escala estándar sea estudiada por diferentes observadores, utilizando métodos independientes», decía. «Sin duda aparecerán discrepancias en los resultados.» Pero, tan educadamente como era posible, advertía a sus futuros críticos que actuaran con cautela.

«Puede que se dé demasiada importancia a los resultados obtenidos de una única investigación, incluso si se han tomado todas las precauciones posibles.» Y es por esto que, recordaba amablemente, sus medidas «provienen de varios métodos, instrumentos y observadores diferentes».

Concluía, «A la vista de estos hechos, sólo parece razonable esperar un tiempo considerable, y que se recoja una gran cantidad de material diverso, antes de adoptar correcciones definitivas a la

escala aquí presentada. Para estrellas entre la décima y la decimo-
sexta magnitud, dichas correcciones serán diminutas. Para estrellas más brillantes y más débiles, puede que se hagan cambios nota-
bles, a pesar de que la escala probablemente sea una aproximación
muy cercana a la verdadera».

Era un trabajo del que enorgullecerse. Se han otorgado docto-
rados por mucho menos.

# 5

# Las hormigas
# de Shapley

En mi opinión, su descubrimiento de la relación entre el periodo y la luminosidad está destinado a ser uno de los resultados más importantes de la astronomía estelar. Estoy ansioso por conocer su opinión respecto a los periodos ya que son importantes para cierto trabajo estadístico que ahora estoy acabando.

–Harlow Shapley,
escribiendo a Edward Pickering a propósito
de Henrietta Leavitt

En el siglo XVIII, William Herschel había conjeturado que las nebulosas, como Andrómeda, podrían ser lejanas galaxias. El filósofo Emmanuel Kant las llamaba «universos isla», argumentando que «es mucho más natural y razonable suponer que una nebulosa no es un único y solitario sol, sino un sistema con numerosos soles». El universo, decía, podría estar lleno de Vías Lácteas.

A otros astrónomos, sin embargo, les convenció otro filósofo, Pierre-Simon Laplace, quien propuso que las nebulosas espirales como Andrómeda no eran más que «proto sistemas solares», un nuevo sol y sus planetas en el proceso de formación a partir de una nube de gas. La teoría parecía la más probable cuando en 1885 una nueva estrella, o «nova», se encendió en el centro del disco de Andrómeda, como si estuviera naciendo un sistema solar.

Mediante fotografías de larga exposición del cielo, pronto se descubrieron decenas de miles de luminosas espirales. Con nebulosas espirales apareciendo por doquier, parecía absurdo pensar que cada una pudiera ser una galaxia con millones de estrellas. «Ningún pensador competente, con todas las pruebas disponibles ante él, puede ahora decir de cualquier nebulosa que sea un sistema estelar del nivel de la Vía Láctea», escribió en 1890 Agnes Clerke, un astrónomo e historiador de la ciencia. «Se ha llegado a una certidumbre práctica de que todo el contenido, estelar y nebuloso, de la esfera, pertenece a una gran agregación.» El universo tan sólo era otro nombre para la Vía Láctea.

Pero el tema no estaba ni remotamente resuelto. Para comenzar, la propia Vía Láctea parecía tener forma de espiral. Vista desde lejos no sería muy diferente de Andrómeda o de cualquier otra nebulosa. Un argumento todavía más fuerte a favor de los universos isla provenía de analizar la luz de las nebulosas con un prisma, separándola en los colores que la formaban. Se creía que estas imágenes espectroscópicas indicaban los elementos químicos que formaban un objeto celeste. El arco iris de Andrómeda era muy parecido al que creaba el Sol. Ambos parecían estar hechos de material estelar. Sin embargo, las pruebas no eran concluyentes. Algunas nebulosas por ejemplo producían unos espectros aburridos y simples, lo que se esperaría de una nube homogénea de gas. La gente encontraba en los datos lo que estaba predispuesta a creer.

Se acabó saliendo de este aparente atolladero en 1914 gracias a Vesto Melvin Slipher, del Observatorio Lowell en el norte de Arizona, quien había ideado una manera de estimar la velocidad a la que se movía una nebulosa a través del espacio. Esta técnica se basaba en el efecto Doppler. Si una estrella se mueve hacia nosotros, las ondas de su luz se comprimen. Por lo tanto la frecuencia –el número de ondas que recibe el ojo por segundo– aumenta. El cerebro interpreta la frecuencia como color, así que la luz de la estrella se moverá hacia el extremo más alto, y más azul, del espectro. Inversamente, si una estrella se aleja, su luz se estirará y se desplazará hacia los rojos de baja frecuencia.

Midiendo los desplazamientos al rojo y al azul de quince nebulosas espirales, Slipher descubrió que se movían a velocidades increíbles. Dos de ellas parecían estar escapándose a unos vertiginosos 1.100 kilómetros por segundo. Eso apenas parecía posible en el caso de tratarse de pequeños objetos dentro del alcance gravitacional de la Vía Láctea. Para muchos astrónomos aquello era una prueba concluyente a favor de los universos isla. (Al principio el propio Slipher se había aferrado a la idea de que una nebulosa no era más que una única estrella «rodeada y envuelta por materia desintegrada y fragmentaria».)

Al cabo de tres años llegaron todavía más pruebas cuando apareció repentinamente otra nova dentro de la nebulosa espiral llamada NGC 6946 (según su designación en el Nuevo Catálogo General de Nebulosas y Cúmulos Estelares). Heber Curtis del Observatorio Lick, un feudo de la teoría de los universos isla en California, descubrió novas dentro de otras nebulosas, y cuando los astrónomos reexaminaron viejas placas fotográficas encontraron todavía más.

Curtis creía que estas novas podrían ser utilizadas como candelas estándar. Los astrónomos habían estimado que aquellas que aparecían en la Vía Láctea se encendían hasta una magnitud absoluta de –8. (Recordemos que cuanto más baja es la magnitud, más brillante es la estrella, haciendo que una con una magnitud negativa sea verdaderamente brillante.) Curtis supuso que las novas de las lejanas nebulosas probablemente llegaban a un máximo de intensidad similar. Comparando este valor con el brillo de una nova vista desde la Tierra y aplicando la ley del cuadrado inverso era fácil determinar su distancia. Medidas de esta forma, las nebulosas resultaron ser enormes galaxias en rotación a varios millones de años luz de distancia.

Hacia 1917 el consenso general se había desplazado a favor de los universos isla. Además de Curtis, y por entonces Slipher, sus defensores incluían a astrónomos tan influyentes como Arthur Eddington, James Jeans, Ejnar Hertzsprung, y un joven investigador llamado Harlow Shapley, que había llegado recientemente al Observatorio del Monte Wilson, el bastión astronómico que había en las alturas de Pasadena, California. Sin embargo Shapley cambiaría de opinión. Usando las estrellas variables de Leavitt, pasaría los siguientes años calibrando la regla de Leavitt y midiendo el tamaño y la forma de la Vía Láctea. Sus observaciones le obligaron a concluir que era mucho mayor de lo que nadie se había llegado a imaginar, tan grande, creía, que debía constituir todo el universo, incluyendo las nebulosas.

## 2

Shapley tenía una particular fijación con las hormigas. Cuando no levantaba la mirada hacia las estrellas, le gustaba observar una colonia de hormigas negras –*Liometopum apiculatum*– mientras se movían por una pared de cemento junto a la tienda de mantenimiento de Monte Wilson. Shapley se dio cuenta de que las hormigas aminoraban la marcha cuando llegaban a la sombra de unos arbustos de manzanilla y aceleraban de nuevo al estar bajo el sol. Armado con diversos instrumentos, estudió las hormigas bajo varias condiciones atmosféricas, incluso observándolas de noche con una linterna. La correlación entre la velocidad de las hormigas y la temperatura era tan precisa, que podía utilizarlas como termómetro, obteniendo la temperatura con una precisión de un grado. Cuando volvió al Monte Wilson treinta años más tarde, se horrorizó al ver que un ayudante de ingeniero solía quemar la línea de las hormigas con un soplete; «genocidio», lo llamó Shapley. («Formicidio hubiera sido más exacto.) Pero las resistentes hormigas siempre volvían.

De estas diminutas criaturas aprendió muchas cosas. Cuando le pidieron que diera el discurso de inauguración de curso en la Universidad de Pensilvania, escogió el tema «Siguiendo la estela», advirtiendo a los estudiantes en contra del cómodo atractivo de la conformidad, de seguir el mismo estrecho camino de sus ancestros, por miedo a romper con el bloque.

Cuando Shapley llegó a Pasadena en 1914, la opinión común era que la Vía Láctea constituía un disco con forma de lente de unos 25.000 años luz de longitud y una cuarta parte de anchura, con el Sol prácticamente en el centro. Esta imagen del cielo a menudo se llamaba el universo Kapteyn, por el astrónomo danés Jacobus Kapteyn, quien había estimado su tamaño. Los métodos que había utilizado distaban mucho de ser exactos. Con las variables Cefeidas y el potente telescopio de 152 centímetros a su disposición, Shapley decidió medir él mismo el universo.

La Vía Láctea.

Esparcidos por toda la Vía Láctea había un centenar de «cúmulos globulares», cada uno de los cuales estaba formado por cientos de miles, incluso millones, de estrellas. Shapley sospechaba que estas enormes concentraciones formaban una especie de estructura o «esqueleto» que indicaba el tamaño y forma de la galaxia. Utilizando las Cefeidas para determinar las distancias hasta estos «postes de señalización», podría cartografiarlo todo.

Shapley se consideraba un experto en estrellas variables. La presentación oral de su tesis doctoral en Princeton, bajo la supervisión de Henry Norris Russell, se había concentrado en un tipo de variables llamadas variables eclipsantes, dos estrellas que orbitan alrededor de un punto común y eclipsan la luz de su compañera periódicamente. Uno de los primeros artículos de Shapley desde el Monte Wilson demostraba que las Cefeidas no pertenecían a esta clase de variables, sino que eran estrellas solitarias que se expandían y contraían a un ritmo constante. Sin embargo, por ahora estos detalles no eran importantes. Sabía por la investigación de Henrietta Leavitt que las Cefeidas también se podían usar como candelas estándar.

También sabía que la mayoría de las variables de los cúmulos globulares eran diferentes de aquellas que había descubierto en las Nubes de Magallanes. Las estrellas de Shapley, llamadas variables de cúmulo, parpadeaban mucho más velozmente, con ciclos que duraban horas en vez de días. Hertzsprung, de hecho, creyó que su brillante colega estaba mezclando peras y manzanas. ¿Cómo podía estar seguro de que ambos tipos de estrellas presentaban la misma relación entre periodo y luminosidad?

Shapley era insistente. «[E]sta proposición apenas necesita demostración», escribió en un artículo en el *Astrophysical Journal*. «Prácticamente todos los autores del tema están más o menos dispuestos a aceptar este punto de vista.»

Sin dejarse intimidar, siguió adelante con su plan. Para las primeras mediciones, confió en el hecho de que cuanto más lejos está un objeto del observador, más lento parece moverse, como un minúsculo avión cruzando lentamente la ventana. La velocidad a la que una estrella se aleja o se acerca de la Tierra, su «velocidad radial», se puede medir mediante el desplazamiento al rojo y al azul. Pero es la «velocidad transversal» –la velocidad a la que se mueve la estrella por el cielo– la que da pistas sobre lo lejos que está. Parecía razonable que, en promedio, las estrellas de un cúmulo se movieran a la misma velocidad, independientemente de su dirección. Mediante un método llamado paralaje estadístico, Shapley usó los desplazamientos Doppler para estimar la velocidad media de una muestra de estrellas y comparó aquel valor con la velocidad a la que parecían moverse las estrellas. Aquello revelaba su distancia. Once de éstas eran Cefeidas, formando la base de lo que ahora se conoce como «curva de Shapley».

En una segunda etapa, extendió la curva hasta incluir a las mucho más comunes estrellas variables de periodo corto. Primero buscaba un cúmulo en el que hubiera de los dos tipos. Las Cefeidas lentas le daban una idea de la distancia del cúmulo, que después podía relacionar con el periodo de las variables rápidas. De esta manera podía medir la distancia a los cúmulos donde sólo había variables rápidas, suponiendo que ambos tipos de estrellas realmente obedecieran la misma ley.

Blandiendo esta nueva regla, midió la distancia hasta varios de los cúmulos globulares más cercanos. Pero se dio de bruces con un obstáculo. En la mayoría de los cúmulos, no había ni una sola estrella variable. Tendría que extrapolar todavía más lejos, y eso le obligaba a encontrar otro tipo de candela estándar. Parecía razonable, pensaba, que cada cúmulo estuviera formado por estrellas que tuvieran el mismo rango aproximado de magnitudes. Las estrellas más brillantes del cúmulo A, cuya distancia había sido medida con su regla, deberían ser tan luminosas como las estrellas más brillantes del cúmulo B, cuya distancia era desconocida. Si parecían más débiles, era porque estaban más lejos. La ley del cuadrado inverso permitiría calcular la distancia, extendiendo el mapa un poco más allá.

Sin embargo, muchos cúmulos eran tan lejanos y borrosos que ni siquiera el telescopio del Monte Wilson podía identificar una estrella individual. Y así llegó el salto final: se podía tomar un cúmulo cuya distancia se había obtenido mediante otros métodos indirectos, y utilizar el cúmulo entero como candela estándar. Los cúmulos más lejanos, razonaba Shapley, eran probablemente tan grandes y brillantes como los cercanos. Midiendo cuánto más pequeños y más débiles parecían, podían calcularse sus distancias, y llegar hasta los confines de la galaxia.

Mientras él seguía esta ingeniosa cadena de suposiciones, Henrietta Leavitt vivía sola en una pensión de Cambridge, donde se había mudado después de la muerte de su tío Erasmus en 1916. Todavía trabajaba para el observatorio y ocasionalmente Shapley escribía a Edward Pickering preguntando sobre sus últimos avances con las estrellas variables.

Shapley había encontrado algunas variables muy débiles en las Nubes de Magallanes y se preguntaba si serían parecidas a aquellas que estaba utilizando para cartografiar la Vía Láctea. «¿Sabe Miss Leavitt si tienen periodos cortos, es decir, de menos de un día, similares a los de las variables de cúmulos?» escribió el 27 de agosto de 1917. «Puede que su trabajo no haya progresado lo bastante como para dar una respuesta definitiva.» Esperaba tener algo de munición contra aquellos que, como Hertzsprung, continuaban argumentando que las variables rápidas no necesariamente obedecían la ley de Leavitt. Consideraba el asunto de «mucha importancia... De hecho, las Nubes de Magallanes y sus variables me parecen uno de los problemas más importantes en el campo de la fotometría estelar.»

Pickering respondió unas tres semanas después: «Miss Leavitt está ahora ausente por vacaciones». (Estaba en Nantucket, de visita con Margaret Harwood, otra calculista de Harvard y ayudante astronómica que se había convertido en directora del Observatorio Maria Mithell.) «Cuando vuelva, investigará el asunto de las Nubes de Magallanes.»

De los dos, Shapley era el más rápido y locuaz. En menos de una semana enviaba otra carta, alabando el trabajo de Leavitt e insistiendo en la necesidad de aquella información. «En mi opinión su descubrimiento de la relación entre el periodo y la luminosidad está destinado a ser uno de los hallazgos más importantes de la astronomía estelar. Estoy ansioso por conocer su opinión respecto a los periodos, ya que son importantes para cierto trabajo estadístico que ahora estoy acabando.»

Nueve meses después Shapley todavía esperaba. El 20 de julio de 1918, probó suerte de nuevo, reiterando sus alabanzas:

Creo que el trabajo fotométrico más importante que se puede llevar a cabo sobre las variables Cefeidas consiste en el estudio de las placas de Harvard de las Nubes de Magallanes. Probablemente los muchos otros problemas de Miss Leavitt hayan interrumpido y retrasado su trabajo sobre las variables de las nubes durante el intervalo de seis o siete años desde que publicó su trabajo preliminar... La teoría de la variación estelar, las leyes de la luminosidad estelar, la disposición de los objetos en el sistema galáctico, la estructura de las nubes..., todos estos problemas se verán muy beneficiados directa o indirectamente por un conocimiento más profundo de las variables Cefeidas.

Pickering tardó casi tres semanas en responder: «Hace unos días hablé con Miss Leavitt... Tiene el material para aproximadamente un tercio de las variables más brillantes, y ahora se están tomando fotografías con el Bruce de 24 pulgadas, que espero que proporcionen el resto».

Ésta es la última carta de Pickering en los archivos de Shapley. Menos de cinco meses después, Pickering moría de neumonía a la edad de setenta y dos años.

## 3

Shapley había decidido finalmente avanzar con su teoría, utilizando las Cefeidas como el primer paso de su rayuela a través de la galaxia. Los resultados eran impresionantes. En primer lugar, la Vía Láctea, según los cálculos de Shapley, era de un tamaño colosal, 300.000 años luz de diámetro. Era diez veces mayor que la estimación de Kapteyn, una magnitud tan mayor que sintió que debía abandonar la noción de universos isla. Si se insistía en mantener que las miles y miles de nebulosas espirales eran galaxias del tamaño de la Vía Láctea, entonces Andrómeda, según su tamaño, debía estar a una distancia enorme. Eso, a su vez, significaría que las novas serían absurdamente brillantes. Al fin y al cabo, debían ser pequeñas nubes de gas.

Para Shapley existía ahora un argumento todavía más fuerte contra aquellos universos isla. Uno de sus colegas, un astrónomo del Monte Wilson llamado Adriaan van Maanen, había anunciado recientemente que varias de las grandes espirales, incluyendo las acertadamente denominadas nebulosas del Remolino y del Molinete, giraban poco a poco. Van Maanen hizo las medidas con una disposición de lentes y espejos llamado comparador de parpadeo. Con el aparato, un astrónomo podía montar dos placas tomadas con meses o años de diferencia y, mirando por un binocular, cambiar de una a la otra alternativamente. Cualquier cosa que hubiera cambiado se haría evidente. Comparando placas de nebulosas tomadas con cinco años de diferencia, Van Maanen creyó ver una sutil rotación.

Vista desde la Tierra la rotación era minúscula, 2/100 segundos de arco cada año. Cada ciclo tardaba 100.000 años en completarse. Era sorprendente que el movimiento fuera visible. Pocos dudaban de que las espirales giraban. ¿Por qué sino tendrían forma de remolino? Pero para que el movimiento fuera visible, era necesario que las nebulosas fuesen pequeñas y cercanas. Si las espirales eran verdaderamente galaxias lejanas, los datos de Van Maanen indicarían que estaban girando a velocidades imposiblemente elevadas, más rápido que la velocidad de la luz.

Tan desconcertante era el enorme tamaño de la Vía Láctea como la conclusión de Shapley de dónde vivíamos dentro del disco galáctico. Los astrónomos se habían dado cuenta de que los cúmulos globulares no se distribuían uniformemente por el cielo, sino que se concentraban en la dirección de la constelación de Sagitario. Ahí, según las medidas de Shapley, tenían una forma aproximadamente esférica, un cúmulo de cúmulos. Eso, propuso, debía ser el centro de la galaxia. Si viviéramos dentro de esa región, veríamos los cúmulos distribuidos uniformemente a nuestro alrededor. Pero si no lo hacemos es porque vivimos en las afueras de la galaxia, a decenas de miles de años luz del núcleo. No estábamos en Nueva York sino en Pensacola o en North Platte.

«Así que el centro ha cambiado: egocéntrico, lococéntrico, geocéntrico, heliocéntrico», escribió Shapley a George Ellery Hale, director del Monte Wilson. O como más tarde lo expuso: «El hombre no es un ser tan importante. Si el hombre se hubiera encontrado en el centro, habría parecido natural. Podríamos decir, "Naturalmente estamos en el centro porque somos los hijos de Dios". Pero aquí había una pista de que tal vez éramos accidentales. De que carecíamos de importancia». La gente no era más importante que las hormigas.

El centro de la galaxia estaba en Sagitario. Y por lo tanto el centro del universo también debía estar allí.

# 6

# La difunta Gran
# Vía Láctea

El espectro de la nebulosa espiral típica es
indistinguible del de un cúmulo estelar. Es el
espectro que cabe esperar de una gran aglomeración de estrellas.

–Heber Curtis

Un día de primavera de 1920, Shapley estaba caminando junto a
unas vías de tren en algún lugar de Alabama hablando sobre flores
y clásicos y probablemente buscando hormigas. Su compañero era
Heber Curtis, y habían acordado no tocar todavía el delicado tema
de la astronomía. Los dos, sin que el otro lo supiese, habían reservado un billete en el mismo tren de California a Washington D.C.,
donde, en los salones de la Academia Nacional de Ciencia, debatirí-
an sobre si había algo en el universo más allá de la Vía Láctea.

El evento se había organizado a instancias del jefe de Shapley,
George Ellery Hale, uno de los astrónomos más respetados del
momento. El padre de Hale había amasado una fortuna vendien-
do ascensores hidráulicos a los constructores de los enormes rasca-
cielos de Chicago. El hijo apuntó todavía más alto, estudiando astronomía y utilizando las conexiones económicas de su familia para
financiar la construcción de algunos de los mayores telescopios

Harlow Shapley (archivos de la Universidad
de Harvard).

del mundo. Cuando el padre murió, legó parte de su herencia a
financiar un ciclo anual de conferencias. El joven Hale creyó que
la de 1920, en el encuentro anual de la Academia Nacional, debería estar dedicada a un tema cosmológico de actualidad, la relatividad o los universos isla.

El primer tema fue considerado demasiado esotérico por el secretario de la academia. (Personalmente creía que la teoría de Einstein
debería ser desterrada «a alguna región del espacio más allá de la
cuarta dimensión, de donde nunca pueda volver para molestar-
nos».) Tampoco le apasionaban los universos isla, temiendo que
«a menos que los conferenciantes se esfuercen por hacer el tema
muy interesante el acto podía ser un fracaso». A cambio propuso
que se discutiera sobre los glaciares o «algún tema biológico o zoo-
lógico». Al final, Hale tuvo la última palabra, y Shapley y Curtis
fueron escogidos para presentar sus visiones opuestas sobre «La

Escala del Universo», y, más concretamente, si consistía en más de una única galaxia.

Si un evento similar tuviera lugar en la actualidad, sería filmado y probablemente trascrito. Seguramente se podría bajar de Internet. El enfrentamiento entre Shapley y Curtis tan sólo se puede reconstruir a partir de retazos de pruebas: una copia mecanografiada de la charla de Shapley, con varias anotaciones suyas, algunas de las transparencias de Curtis (perdió sus notas poco después del evento), y cartas que los dos intercambiaron antes y después de lo que llegó a conocerse como el Gran Debate, mayoritariamente por gente que no había asistido.

El propio Curtis tenía ganas de bronca. Imaginaba a los dos astrónomos lanzándose el uno contra el otro «con uñas y dientes», y después dándose la mano como caballeros. Shapley, sin embargo, estaba preocupado porque temía perder. No es que creyera que su teoría estaba equivocada. Pero persuadir a una audiencia de geólogos, biólogos, y científicos no astrónomos requería las habilidades de un orador. Tuviese razón o no, Curtis, trece años mayor y un experto en debates, podía superar a Shapley en el podio.

Temía por ejemplo que Curtis se ensañara con el diminuto puñado de estrellas («mis once miserables Cefeidas», como las llamaba Shapley en una carta) a partir de las que había extrapolado distancias tan enormes. Lo que parecía a algunos un análisis brillante podía no parecer a otros más que un endeble castillo de cartas. Bastantes astrónomos estaban mucho menos seguros que Shapley de que la regla de Henrietta Leavitt fuese verdaderamente útil. Curtis había dejado claro que creía que la Vía Láctea de Shapley era diez veces demasiado grande. Si la pudiese reducir por un orden de magnitud, la teoría de los universos isla sería más fácil de defender.

Shapley también tenía otro motivo para estar inquieto. Estaba seguro de que lo estaban considerando para la dirección del Observatorio de Harvard –Edward Pickering acababa de morir– y esperaba que en la audiencia hubiera un emisario de la Colina del Observatorio. Le atemorizaba dar una mala impresión.

Durante semanas Shapley trabajó para reforzar sus pruebas al mismo tiempo que maniobraba para obtener una posición más ventajosa. Por pura obstinación, consiguió rebajar el debate a sendas presentaciones –«dos charlas sobre el mismo tema desde nuestros diferentes puntos de vista»– y reducir su duración. Mientras que Curtis quería cuarenta y cinco minutos para cada presentación, Shapley quería treinta y cinco. Partieron la diferencia, quedándose en cuarenta. Para reducir el impacto todavía más, no habría tiempo para réplicas, tan sólo una discusión general al finalizar. Finalmente Shapley se aseguró de que Henry Norris Russell, su antiguo profesor y aliado, estuviera en la audiencia para apoyar su posición. No estaba dispuesto a correr riesgos.

## 2

La velada comenzó a un ritmo terriblemente lento con entregas de premios seguidas de prolongados discursos. Hubo un homenaje al Príncipe de Mónaco por oceanografía, recordó Shapley, y otro a alguna «noble reliquia humana», condecorado por combatir el anquilostoma. Muchos años después, en unas memorias, Shapley recordaba a un aburrido Albert Einstein sentado entre el público, susurrando a su compañero que ahora tenía una nueva teoría de la eternidad. Era una buena anécdota, pero en realidad Einstein estaba en Alemania en esos momentos, recibiendo las primeras denuncias Nazis de su «física judía». Hizo su primera visita a los Estados Unidos al año siguiente.

Cuando finalmente comenzó el acto principal, Shapley intervino primero, comenzando parsimoniosamente con una larga introducción a la astronomía. Cuando ya llevaba consumida una tercera parte de su tiempo permitido, tan sólo había llegado hasta la definición de un año luz. Hasta ahí la presentación no era más que pura divulgación científica. Es fácil imaginar a Curtis mirando su reloj, preguntándose cuándo diría Shapley algo que le pudiera discutir.

Y entonces, para sorpresa de Curtis, Shapley prometió a la audiencia ahorrarle «los terribles tecnicismos de los métodos para determinar la distancia hasta los cúmulos globulares», los postes de señalización que había utilizado para cartografiar la galaxia. Tal vez fuera una manera sensata de presentar el tema a una audiencia no especializada. Sin embargo Curtis, quien todavía esperaba una mínima excusa para lanzarse al combate, había preparado un meticuloso ataque punto por punto de cada uno de los supuestos e inferencias lógicas de Shapley. Pero todavía no había nada que rebatir.

La mayor sorpresa estaba por llegar. Saltándose completamente las Cefeidas, Shapley describió un método completamente distinto de establecer la enormidad de la galaxia (y, por tanto, dinamitando la posibilidad de los universos isla).

Los astrónomos habían descubierto lo que parecía ser una relación entre la temperatura de una estrella y su luminosidad intrínseca. (Esta relación se describía mediante una gráfica conocida por todos los astrónomos como el diagrama Hertzsprung-Russell, ideado por Henry Norris Russell y Ejnar Hertzsprung.) El resultado era otro tipo de vara de medir. Un estudio de las «estrellas tipo B» cercanas, identificadas por su luz azulada, había llegado a la conclusión de que brillaban unas doscientas veces más intensamente que el Sol. Esto indicaba, por lo menos para Shapley, que estas gigantes azules se podían usar como candelas estándar. Sin importar cuánta luz de una estrella B se perdiera en el camino hasta la Tierra, se podía suponer, con un pequeño acto de fe, que tuviera la misma magnitud absoluta que sus primas más cercanas a nosotros. De manera que la distancia hasta la gigante se podía calcular según la ley del cuadrado inverso. Si era nueve veces más débil que una estrella B cercana, debería estar tres veces más lejos.

Shapley creyó descubrir estrellas azules gigantes en un cúmulo de la Vía Láctea llamado Hércules. Las estrellas, extremadamente débiles –de magnitud quince–, debían estar a 35.000 años luz de distancia. A partir de ahí extrapoló el método. Suponiendo que los cúmulos más pequeños y débiles tenían la misma luminosidad global que Hércules, dio un rodeo hasta llegar a su conclusión original: que se encuentran en los extremos de una galaxia de 300.000 años luz de diámetro, con el Sol posicionado a un lado.

Mencionó brevemente cómo con otro tipo de vara de medir, las estrellas llamadas gigantes rojas, se llegaba al mismo resultado.

Finalmente intentó evitar las críticas hacia sus «miserables» Cefeidas al eliminarlas completamente de la presentación. El Profesor Curtis, dijo, «puede cuestionar la suficiencia de los datos o la precisión de los métodos.... Pero este hecho permanece: podríamos olvidarnos de las Cefeidas, y usar en su lugar los miles de estrellas tipo B sobre las que los más hábiles astrónomos estelares han estado trabajando durante años, y derivar exactamente la misma distancia para el cúmulo de Hércules, y para otros cúmulos, y por consiguiente obtener las mismas dimensiones para el sistema galáctico».

Antes del debate, las estrellas rojas y azules no eran más que una nota al pie del argumento de Shapley, comprobaciones secundarias de su método principal, las variables Cefeidas de Henrietta Leavitt. De pronto, había dado la vuelta al debate, dejando a Curtis apuntando a un objetivo en movimiento y consiguiendo sembrar dudas sobre quién era realmente mejor orador.

En cuanto a la naturaleza de las espirales nebulosas, el objeto original de la discusión, Shapley dio cuenta de ello en unas pocas frases:

> Dejo la descripción y discusión de esta debatible cuestión al Profesor Curtis. Estamos de acuerdo, creo, en que si el sistema galáctico es tan grande como yo mantengo, las nebulosas espirales difícilmente puedan ser sistemas galácticos comparables; si su tamaño fuera una décima parte, sería posible la hipótesis de que nuestro sistema galáctico es una nebulosa espiral, comparable en tamaño a las demás nebulosas espirales, que serían pues universos «isla» de estrellas. En otra cuestión creo que estamos de acuerdo, o por lo menos deberíamos estar de acuerdo, y es que sabemos tan poco sobre las nebulosas espirales.... que es profesionalmente y científicamente poco sabio defender una posición tajante en estos momentos.

Incluso si las nebulosas espirales no estuvieran claramente dentro de los límites de la Vía Láctea, él creía que probablemente se encontrarían en sus cercanías, como pequeñas nubes de gas con las que se había tropezado la galaxia en su deriva a través de la nada sin fin.

**3**

No es posible reproducir el tono de la presentación de Curtis a partir de las escasas notas que han sobrevivido en sus apuntes escritos a máquina. Está claro que, sin dejarse intimidar por Shapley, llevó a cabo una fuerte defensa de los universos isla. Como era de esperar, puso en duda la fiabilidad de la calibración de Shapley a partir de la regla de las Cefeidas, apoyándose en aquellos que creían que las variables de cúmulo de oscilación más rápida utilizadas para medir la galaxia eran de una naturaleza diferente a las más lentas que había encontrado Leavitt en las Nubes de Magallanes. ¿Por qué suponer que tenían exactamente la misma relación entre periodo y luminosidad intrínseca, e incluso por qué suponer que existía relación alguna? Si las variables de Shapley fuesen de entrada mucho más débiles, entonces todos los cúmulos estarían más cerca. El perímetro de la galaxia se contraería y la Vía Láctea se encogería de continente a isla, como miembro de un gran archipiélago.

Heber Curtis (Observatorio Lick).

Curtis se mostró igual de poco impresionado por las estrellas azules gigantes, argumentado que se sabía demasiado poco como para confiar en ellas como candelas estándar. Propuso lo que él consideraba un aparato de medición más fiable, las estrellas amarillas-blancas como el Sol, que formaban la mayoría de la galaxia. Era razonable, proponía Curtis, que las estrellas similares al Sol en los confines de la Vía Láctea brillasen, en promedio, con la misma intensidad que las más cercanas. Como Shapley, estaba suponiendo la uniformidad de la naturaleza, y su conclusión era que la galaxia tan sólo podía tener 30.000 años luz de diámetro. Para que los cúmulos estuvieran tan lejos como Shapley creía, aquellas estrellas tendrían que haber sido mucho más brillantes que las de nuestra vecindad. Prevalecerían entonces unas leyes físicas diferentes. «A pesar de que no es imposible que los cúmulos sean regiones excepcionales del espacio [con] una concentración particular de estrellas gigantes, la hipótesis de que las estrellas de los cúmulos son, en general, como aquellas de distancia conocida parece inherentemente la más probable.»

Con el tamaño de la Vía Láctea reducido de esta manera, las pruebas a favor de los universos isla parecían más convincentes. Curtis recordó el conocido argumento de que las descomposiciones de color producidas por las espirales eran idénticas a las de luz estelar. «Es el espectro que cabe esperar de una gran aglomeración de estrellas.» Y las novas que aparecían en ellas «parecen una consecuencia natural de su naturaleza como galaxias, incubadoras de nuevas estrellas». Usando las novas como candelas estándar se podía situar a Andrómeda a medio millón de años luz de la Tierra y otras espirales a 10 millones de años luz o más. «A tales distancias, estos universos isla tendrían un tamaño del mismo orden de magnitud que nuestra propia Galaxia de estrellas.»

Finalmente comentó un curioso fenómeno que había estado desconcertando a los astrónomos durante años: las nebulosas espirales parecían estar concentradas en los dos «polos» de la Vía Láctea, las regiones directamente por encima y por debajo del abultamiento central de la galaxia. No se encontraba ninguna en el plano galáctico, donde residen la mayoría de las estrellas. Si las espirales eran pequeñas nubes dentro o cerca de nuestra galaxia, ¿por qué no estaban distribuidas uniformemente? Parecía que hubieran sido repelidas por una fuerza misteriosa.

Era mucho más probable, argumentó Curtis, que esta «zona no permitida» fuese una ilusión, que las espirales estuvieran mucho más allá de la Vía Láctea, en todas direcciones, con aquellas situadas en el plano galáctico ocultas a nuestra vista. Muchas espirales parecían estar envueltas por un grueso anillo de materia «ocultante», un halo de polvo interestelar. Lo mismo podría ser cierto de la Vía Láctea. Cuando los astrónomos apuntaban sus telescopios hacia esta tormenta de polvo, las espirales en aquella dirección permanecían ocultas. De las millones de espirales, las únicas que podíamos ver eran las que estaban por encima y por debajo. Cada una de ellas, propuso, era un mundo tan vasto y brillante como el nuestro.

## 4

Ambos salieron de la sala convencidos de que habían ganado. «El debate ha ido bien en Washington», escribió Curtis a su familia, «y me han asegurado que salí considerablemente por delante». Shapley, por su parte, atribuía cualquier punto que hubiera ganado Curtis a sus habilidades retóricas. «Ahora sabría cómo esquivar los temas espinosos un poco mejor», dijo años después; un comentario que parece extraño al haber hablado Shapley primero. Tal vez se refería a la discusión que siguió a las charlas, durante la cual su mentor Russell había defendido con vigor, tal como habían planeado, la teoría de Shapley de la Gran Galaxia. Pero los defensores de los universos isla replicaron con igual vehemencia. «Curtis hizo un trabajo moderadamente bueno», recordaba Shapley. «Parte de su ciencia era incorrecta, pero su exposición fue adecuada.»

Ambos expandieron sus argumentos en artículos publicados durante el siguiente año en el *Bulletin of the National Research Council*. (En algunos relatos históricos antiguos se habían tomado estos artículos publicados como la verdadera sustancia del debate.) Los textos no contienen argumentos fundamentalmente nuevos. Shapley respaldó su visión con todavía más datos, cuya fiabilidad Curtis seguía cuestionando. Lo más impactante del caso es cómo los dos astrónomos más listos del mundo pudieron analizar el mismo baúl de observaciones astronómicas y sin embargo llegar a dos imágenes del universo tan diferentes, un recordatorio de que la ciencia no se basa únicamente en hechos sino también en la forma en que éstos son tratados.

Para Curtis, la zona de exclusión (parece un término sacado de un cómic de Superman) era una prueba convincente de que las espirales eran galaxias isla. En manos de Shapley, el fenómeno parecía apoyar el argumento de que las espirales eran pequeñas nubes de gas estelar: tenían que ser pequeñas y ligeras para que, de alguna manera, la Vía Láctea las expulsara. Las novas que aparecían dentro de las espirales también sufrían interpretaciones conflictivas.

Para Curtis su existencia demostraba que las espirales eran realmente galaxias. ¿Dónde sino se esperaría ver estrellas naciendo? Para Shapley cada nova representaba «la absorción de una estrella por [una] nebulosa en veloz movimiento.» El fragmento más memorable de ambos artículos es un párrafo de Shapley sobre los peligros de extrapolar demasiado alegremente a partir de un conjunto limitado de datos. Tenía la intención de ser una crítica de las mediciones de Curtis basadas en la magnitud media de las estrellas similares al Sol. Pero también se podría perfectamente tomar como un toque de atención a propósito de la vulnerabilidad de los supuestos sobre los que descansaba todo intento de medir distancias en astronomía. (También es la inspiración del cuento sobre los aldeanos del cañón, en el prólogo de este libro.)

«Supongamos −comenzaba Shapley− que un observador, confinado a una pequeña área en un valle, intenta medir las distancias hasta los picos de las montañas que lo rodean.» Puede utilizar el paralaje para las colinas cercanas, pero como no puede abandonar su estrecho valle, su línea de base es demasiado estrecha como para seguir triangulando. Necesita otro tipo de vara de medir. Viendo a través de su telescopio que hay vida vegetal en lo alto de la montaña, hace el supuesto simplificador de que se trata aproximadamente de la misma vida vegetal que hay en el fondo del valle, que mide unos treinta centímetros en promedio. Así que a partir del tamaño aparente de las plantas, puede juzgar la distancia hasta la montaña.

Sus cálculos serían erróneos. «Si, sin embargo», apuntaba Shapley, «hubiera comparado las plantas de las colinas cercanas, medidas trigonométricamente, con las que había en los remotos picos, o hubiera usado algún método para distinguir diversos tipos de vegetación, no habría confundido pinos con ásteres ni obtenido un resultado erróneo de la distancia hasta las montañas. Todos los principios que se emplean en el paralaje botánico de un pico montañoso tienen sus análogos en el paralaje fotométrico de un cúmulo globular.»

Tomar pinos por ásteres, y ásteres por pinos. Eran gajes del oficio que iban a afectar tanto a Shapley como a cualquier otro.

# 7

# En el reino de
# las nebulosas

Una de las pocas cosas decentes que he hecho
fue visitarla en su lecho de muerte. Dicen sus
amigos que la visita del director le cambió la vida.

–Harlow Shapley,
escribiendo sobre Henrietta Swan Leavitt

Para ser dos chicos salidos del Missouri rural, Harlow Shapley y
Edwin Hubble no tenían demasiado en común, excepto tal vez el
tamaño de sus egos. Shapley había nacido en 1885 en una granja
de heno cerca de los Ozarks y dejó la escuela para convertirse en
corresponsal de un pequeño periódico local. Había completado el
equivalente a quinto grado. Sólo unos pocos años después obtuvo
el título de bachiller y se matriculó en la Universidad de Missouri.
Allí su interés cambió del periodismo a la astronomía, mudándose
finalmente a Princeton para estudiar junto a Russell, que llegó a
decirle a Edward Pickering que era «el mejor estudiante que he
tenido jamás». A pesar de toda la prepotencia de Shapley –estaba
seguro de haber cartografiado todo el universo– nunca llegó a perder algunos de sus rasgos pueblerinos.

Cuatro años después, y a unos cien kilómetros de la granja de
Shapley, nació Hubble. La familia era más próspera que los Shapley

Edwin Hubble (cortesía de los archivos del Instituto
de Tecnología de California).

(El señor Hubble era un fiscal reconvertido en ejecutivo de seguros). Siendo un estudiante excelente y un verdadero atleta, Edwin consiguió una beca para la Universidad de Chicago y se convirtió en un «Rhodes Scholar» (estudiante con beca Rhodes) en Oxford, donde estudió derecho y adoptó el falso acento británico que irritaría a algunos de sus colegas tanto como lo haría un niño arañando un globo.

Hubble, como su padre, no llegó a ejercer de abogado. Después de trabajar brevemente como profesor de instituto en Indiana (apareciendo ante sus clases en pantalones de golf y una capa), volvió a Chicago para obtener un doctorado en astronomía. Después, tras servir de oficial durante la I Guerra Mundial, fue al Monte Wilson, donde él y Shapley se encontraron trabajando incómodamente bajo la misma cúpula. ¿Qué, se preguntaba Shapley, hacía allí un chico de Missouri que empleaba expresiones sólo utilizadas por campesinos? Tomando nota del porte aristocrático y algo militar de Hubble, algunos astrónomos comenzaron a referirse a él como «el Comandante».

Hubble, de carácter bastante reservado, encontró que Shapley era despótico y errático –disparando una idea tras otra– y le molestaba particularmente el amigo de Shapley, el charlatán astrónomo danés Adriaan van Maanen, cuya afición a las cenas y actos sociales le había convertido en una excepción en la aburrida Pasadena. Van Maanen también era conocido como un astrónomo meticuloso, sus medidas de la velocidad rotacional de las nebulosas espirales eran uno de los argumentos más fuertes contra los universos isla. Habiendo comprobado y refinado sus datos, se mantenía en sus trece: o bien las espirales eran pequeñas y cercanas o bien giraban a velocidades imposibles. Creía, como su maestro Kapteyn le había enseñado, que tan sólo podía haber una galaxia, la Vía Láctea.

El propio Hubble se inclinaba hacia la teoría de los universos isla, pero por ahora no se entrometía en la controversia. No había ido al Monte Wilson para debatir con mortales sobre sus opiniones astronómicas. Él iba a encontrar las respuestas en las estrellas. Pocas semanas después comenzó a quedarse noches enteras bajo la cúpula del observatorio, como asociándose con el cielo. Se pasó la Nochebuena de 1919 con el ojo pegado al nuevo telescopio del Monte Wilson de 100 pulgadas, 40 pulgadas mayor que el que Shapley había usado para cartografiar su Gran Galaxia. Durante las tres décadas siguientes sería el mayor del mundo. Hubble observaba con particular detenimiento las nebulosas y se preguntaba, tal vez, cuándo abandonaría Harlow Shapley su montaña.

## 2

Por entonces, Henrietta Leavitt y su enviudada madre habían entrado como amas de llaves en un nuevo bloque de apartamentos en la calle Linnean con la avenida Massachusetts, a varias manzanas del Observatorio de Harvard. A pesar de que estaba ocupada en su mayor parte por tareas más cotidianas, las estrellas variables seguían en su mente. En 1920 escribió a Shapley para pedirle consejo. ¿Dónde le sugería que continuara con su investigación? Él respondió, todavía peleándose con un antiguo tema, que tendría «una enorme importancia en la presente discusión de las distancias a los cúmulos globulares y el tamaño del sistema galáctico» si pudiera calcular los periodos de algunas de las variables más débiles de la Pequeña Nube de Magallanes, aquellas «un poco más débiles que las más débiles ya estudiadas». Sobre esto había estado persiguiendo a Pickering varios meses antes de su muerte.

Y tal vez podría ver si su descubrimiento sobre las Cefeidas también se mantenía para aquellas de la Gran Nube de Magallanes. «¿Sigue siendo válida allí la ley de periodo-luminosidad?» La estaba tratando casi como a un colega. Pronto sería su jefe.

Shapley había estado sobreestimando las ganas que tenía Harvard de tenerle. Al principio el presidente de la universidad, Abbott Lawrence Lowell, le había considerado como la opción obvia para sustituir a Edward Pickering como director. Pero después de consultarlo con varios astrónomos, Lowell empezó a considerar ofrecerle a Shapley el puesto número dos, con un astrónomo mayor y más experimentado como Henry Norris Russell a cargo de todo. Shapley le parecía a algunos de sus colegas joven e inmaduro, y tal vez demasiado tosco para Harvard. «Es mucho más atrevido que otros miembros de nuestro personal», confesó a Lowell el jefe de Shapley, George Ellery Hale, «y más dispuesto a llegar a conclusiones transcendentales a partir de datos bastante escasos». Y, como temía Shapley, su deslucida intervención en el Gran Debate tampoco le iba a ayudar. Incluso Russell estaba convencido de que su protegido todavía no estaba listo para dirigir el Observatorio de Harvard. «Shapley no podría manejarlo todo él solo», le dijo Russell a Hale. «Estoy convencido de esto después de medirme a mí mismo con el trabajo, y observar a Shapley en Washington. Pero sería un tenaz segundo.»

Al final Shapley, tozudo como siempre, obtuvo lo que buscaba. En última instancia Russell rechazó la oferta de Harvard y Shapley dejó claro que no aceptaría nada por debajo del puesto de director. Hale intercedió a su favor y Harvard aceptó probar al joven astrónomo durante un año. En la primavera de 1921 se mudó a Cambridge para retomar el trabajo allí donde Pickering lo había dejado.

«28 de marzo, 1921: ¡Ha llegado el Dr. Shapley!» escribió Annie Cannon, que se había convertido en una de las ayudantes femeninas más expertas del observatorio, en su diario. «Me gusta. Tan joven, tan limpio, tan brillante.» Como Henrietta Leavitt, Cannon era sorda, pero tan sólo parcialmente. La siguiente semana ella y una amiga invitaron a Shapley a cenar y después fueron todos a un concierto sinfónico.

Por entonces Leavitt era la jefa de fotometría estelar, y la alegre Cannon era la encargada de la colección de placas fotográficas y la recopiladora jefa y supervisora del Catálogo Henry Draper de espectros estelares. Con el tiempo llenó nueve volúmenes con más de 225.000 estrellas clasificadas según su tipo espectral, desde las azules más calientes hasta las más frías amarillas, naranjas, y rojas. (Las categorías de Cannon se llamaban, crípticamente, O, B, A, F, G, K, y M, categorías que los astrónomos, algunos de los hombres por lo menos, recuerdan con esta regla mnemotécnica: «O Be A Fine Girl, Kiss Me»).

Bajo el mando de Pickering, la reputación de las mujeres calculistas había ido creciendo lentamente. Incluso intentó, sin éxito, persuadir al presidente de Harvard para que otorgara a Cannon el prestigio de un puesto académico, o por lo menos incluir su nombre en el catálogo de la universidad. Se alababa a las mujeres, de una manera un tanto condescendiente, por ser buenas en los trabajos que requerían una atención a los detalles, el bordado numérico del análisis de las imágenes astronómicas. Pero las cuestiones más profundas todavía se reservaban a los hombres. Una de las ayudantes más sobrecualificada, Antonia Maury, una graduada de Vassar, se impacientaba por el tedio de su trabajo. «Siempre he querido aprender cálculo», dijo más tarde, «pero el Profesor Pickering no lo deseaba».

A decir verdad, no era muy agradable trabajar con Maury. La habían contratado porque era la sobrina de Henry Draper. Su trabajo era lento y errático, provocando que su tía se disculpara por su comportamiento. «Seré feliz», escribió a Pickering, «cuando deje de molestarle». Pero la mala actitud de Maury estaba provocada por un sentimiento de que no le dejaban hacer contribuciones originales.

En su propio diario, Williamina Fleming, el ama de llaves convertida en ayudante astronómica, expresaba la sensación de frustración que sentían las calculistas: «Si se pudiera realizar trabajo original, mirando nuevas estrellas, variables, clasificando espectros y estudiando sus peculiaridades y cambios, la vida sería un bello sueño; pero la dura realidad es que tenemos que dejar de lado todo aquello que nos interesa para emplear la mayoría de nuestro tiempo preparando el trabajo de otros para su publicación. Sin embargo, sea lo que sea lo que hagas, hazlo bien».

Cannon estaba más feliz con su suerte. Cuando una joven astrónoma británica llamada Cecilia Payne llegó para estudiar al observatorio en 1923, se preguntó cómo podía Cannon haber pasado tantos años bajo el mando de Pickering clasificando meticulosamente estrellas, sin especular qué querría decir la nueva taxonomía. En el caso de Cannon, acabó concluyendo Payne, teorizar iba contra su naturaleza: «Era una observadora pura, no interpretaba». Y parecía basarse menos en la razón que en el instinto. «Era como una persona con una memoria fenomenal para las caras», observó Payne. «No pensaba en los espectros mientras los clasificaba, sencillamente los reconocía.» Cuando necesitaba concentrarse, desconectaba su audífono.

Los sentimientos de Leavitt hacia su trabajo no han sido registrados. No se han encontrado ni confesiones reveladoras ni cartas, tan sólo la ocasional anécdota. Un día, peleándose con una variable particularmente misteriosa llamada Beta Lyrae, exclamó a una colega, «¡Nunca la entenderemos hasta que encontremos la manera de enviar una red allí arriba y cazarla!» Deseaba, tal vez, elevarse por encima de las columnas de números y verdaderamente entender las estrellas. Incluso después de su descubrimiento de la ley de las Cefeidas, permaneció asignada a hacer fotometría rutinaria, más trabajo astronómico de precisión. Como lo expresó más tarde Cecilia Payne, «Pickering escogía a su personal para trabajar, no para pensar».

Tal vez esto hubiera cambiado con Shapley. Más que nadie, se había aferrado a las estrellas de Henrietta Leavitt para explorar las profundidades del espacio. Más tarde la consideró «una de las mujeres más importantes que jamás hayan tocado la astronomía». Considerando las pocas mujeres que había en el campo, es difícil saber a qué altura estaba este comentario en su escala de alabanzas. Era un hombre que medía la dificultad computacional de los trabajos astronómicos en «horas-chica» y los verdaderamente difíciles en «kilo-horas-chica».

Cualquier oportunidad que hubieran podido tener de colaborar quedó frustrada. Leavitt, que vivía todavía con su madre en la calle Linnean, estaba enferma de nuevo, esta vez con cáncer. «He llevado flores a Miss Leavitt, que está muy enferma», escribió Cannon en su diario el 6 de noviembre de 1921. Fue un mes espantoso. Por Acción de Gracias, Cambridge se vio asediado por la peor tormenta de hielo que se recuerda. Los árboles y los postes telefónicos caían bajo la pegadiza aguanieve. En el observatorio se fue la luz.

El diario de Cannon describe lo que pasó a continuación:

> 6 de diciembre. Fui a ver a la pobre Henrietta Leavitt, muriéndose con un maligno problema estomacal. Tan delgada y cambiada. Muy, muy triste.

> 8 de diciembre. Despejado y frío.

Shapley la visitó para presentar sus respetos. «Una de las pocas cosas decentes que he hecho fue visitarla en su lecho de muerte –dijo más tarde–. Dicen sus amigos que la visita del director le cambió la vida.» Tal vez fuera así.

> 12 de diciembre. Día lluvioso y diluviando por la noche. Henrietta ha fallecido a las 10,30 PM.

13 de diciembre. El señor Leavitt, hermano de Henrietta, me ha visitado temprano por la mañana. Día oscuro y nevoso.

14 de diciembre. Miércoles. Funeral de Henrietta en la Capilla de la Iglesia del Primer Congreso, 2 pm. Ataúd cubierto con flores.

La enterraron en el Cementerio de Cambridge (al otro lado del más conocido Mount Auburn), en el panteón de la familia Leavitt. Asentado en la cima de una suave colina, el lugar está marcado por un monumento hexagonal, sobre el cual (acunado por un pedestal de mármol), yace un globo terráqueo. Su tío Erasmus y su familia también están enterrados ahí, junto a otros Leavitts. Hay una placa en recuerdo de Henrietta y de sus dos hermanos que murieron tan jóvenes, Mira y Roswell, montada justo debajo del continente de Australia. A un lado, y visitadas con más frecuencia, están las tumbas de Henry y William James.

Unos pocos días antes su muerte Leavitt había escrito su testamento, dejando a su madre una relación de bienes:

Estantería y libros 5 dólares
Biombo 1 dólar
Alfombra 40 dólares
Silla 2 dólares
Mesa 5 dólares
Mesa 5 dólares
Alfombra 20 dólares
Escritorio 10 dólares
Armazón de cama 15 dólares
Colchones (dos) 10 dólares
Sillas (dos) 2 dólares
Un Bono de valor nominal 100 dólares Liberty First convertible 4% 96,33 dólares
Un Bono de valor nominal 50 dólares Liberty Fourth convertible 41/4% 48,56 dólares
Un Bono de valor nominal 50 dólares Victory convertible 43/4% 50,02 dólares
El valor total considerado era de 314,91 dólares

También dejó un estudio fotométrico del cielo austral, y un estudio de las curvas de luz de las novas, incluyendo, como la llamó un informe anual de Harvard más tarde, «la famosa nueva estrella de 1918», que se había encendido en la constelación Aquila. Y todavía no había terminado otra ronda de revisiones a su obra maestra, la Secuencia Polar Boreal. Cuando la Unión Astronómica Internacional se reunió en su primera asamblea general en Roma el siguiente mes de mayo, la Comisión de Fotometría Estelar, de la que había sido miembro, reconoció su «gran servicio a la astronomía». «Era una de las pioneras en un difícil campo de investigación en el que trabajó con destacable éxito, y es una gran pena que no fuese capaz de terminar su último trabajo.»

El siguiente año un informe administrativo de Harvard apuntaba, a la pasada, algo que tal vez le habría importado más: «Apenas había comenzado su trabajo sobre su extenso programa de medidas fotográficas de estrellas variables».

Shapley le entregó su mesa a Cecilia Payne. La intentó persuadir para que retomara los proyectos inacabados de Leavitt, pero ella tenía sus propias ideas. Después de completar una afamada disertación sobre la composición química de las estrellas, Payne obtuvo el primer doctorado de Harvard en astronomía y, bajo su nombre de casada, Cecilia Payne-Gaposchkin, llegó a ser una profesora de pleno derecho y catedrática del departamento de astronomía. Nunca llegó a conocer a Leavitt, pero le conmovió tanto su historia que estuvo siempre convencida de que no la habían tratado como se merecía.

«He oído al llegar a Harvard que lo que realmente ocupaba a Miss Leavitt era la petición de Pickering de idear un método según el cual las magnitudes fotográficas, determinadas con todos los instrumentos de Harvard, se pudieran reducir al mismo sistema fotométrico», escribió años después. «No puedo creer que le pidiera algo tan poco realista.» El juicio parece un poco extremo. Esto era la Secuencia Polar Boreal de Leavitt, de la que estaba tan orgullosa. Pero la mantenía apartada de las Cefeidas.

Payne podía entender que, desde un punto de vista administrativo, tenía sentido asignar a las mejores ayudantes trabajos que, a pesar de ser onerosos, tenían que hacerse. «Pero también fue una dura decisión», escribió Payne, «que condenó a una científica brillante a hacer un trabajo desagradable, y probablemente retrasó el estudio de las variables varias décadas.»

Cuatro meses después del funeral, Annie Cannon se dirigía a Perú a bordo de un vapor, para hacer un recorrido por los Andes y una visita al Observatorio de Arequipa. Una noche, después de adentrarse ella misma en el despejado cielo austral, escribió una nota en su diario: «(Gran) Nube de Magallanes tan brillante. Siempre me hace pensar en la pobre Henrietta. Cómo amaba ella las "Nubes"».

## 3

Como Shapley, Heber Curtis también había ascendido profesionalmente, convirtiéndose en director del Observatorio Allegheny cerca de Pittsburgh. Su sucesor en Lick, un joven sueco llamado Knut Lundmark, continuó con la tradición de contradecir a Shapley, anunciando que había conseguido separar estrellas individuales en una nebulosa espiral llamada del Triángulo o M33 (el número que le puso en el siglo XVIII el astrónomo francés Charles Messier). Suponiendo (1) que éstas fueran las estrellas más brillantes de la nebulosa (que es supuestamente la razón por la que las podía ver) y (2) que tuvieran la misma magnitud promedio que las estrellas más brillantes de la Vía Láctea, estimó que M33 se encontraba a más de un millón de años luz. Era, en otras palabras, toda una galaxia por derecho propio.

Shapley rápidamente le contradijo por carta. ¿Por qué no había comentado en su artículo el trabajo de su amigo Adriaan van Maanen, quien había medido la rotación de aquella misma espiral, demostrando que debía ser pequeña y cercana o bien estar girando a velocidades imposibles? Lundmark respondió diplomáticamente y Shapley, momentáneamente, se calmó. Pero no pudo evitar mandarle uno de sus característicos sarcasmos: «Si piensa o no reconocer que las medidas [de Van Maanen], de ser reales, prácticamente eliminan la hipótesis de los "universos isla", de la que usted parece haberse erigido como máximo defensor, no es un asunto que me impida conciliar el sueño».

Lundmark no se desanimaba tan fácilmente, como descubrió Shapley al coger una publicación astronómica y leer un nuevo artículo titulado «Sobre el Movimiento de las Espirales». En él, el joven astrónomo defendía los universos isla todavía más vigorosamente que antes, cuestionando directamente la validez de los resultados de Van Maanen.

Otros ya habían encontrado problemas con los datos. El astrónomo británico James Jeans había estudiado las rotaciones de Van Maanen y descubrió que violaban las leyes conocidas de la física. Sin embargo las siguió defendiendo (apoyaban su propia teoría de la evolución de las galaxias), explicando las discrepancias con nada menos que una propuesta de modificación de la ley de gravedad de Newton.

Si Lundmark estaba en lo cierto, los descubrimientos de Van Maanen estarían plagados de inconsistencias. No llegaba a decir, sin embargo, que el astrónomo hubiera sido poco sistemático. Medir desplazamientos tan diminutos era un trabajo terriblemente sutil y estaba abierto a varias interpretaciones. Cuando un objeto tarda 100.000 años en dar una sola vuelta, como había concluido Van Maanen, no se moverá mucho en un sólo año o en una década, o incluso en el abrir y cerrar de ojos que es una vida humana.

Nadie entendía esto mejor que Lundmark. Meses después, al volver a medir las imágenes de M33, quedó brevemente convencido de que realmente estaba girando tan rápidamente que «la situación parecía bastante desesperada para los defensores de la teoría de los universos isla». Shapley, por supuesto, estaba encantado. Pero la crisis de confianza pasó pronto. Un escrutinio más meticuloso convenció a Lundmark de que había sucumbido ante una ilusión: no había ninguna señal desde esta enorme distancia de que M33 estuviera en rotación.

## 4

De vuelta en el Monte Wilson, Hubble apuntaba hacia Andrómeda. Era el 4 de octubre de 1923. Después de tomar una fotografía de larga exposición de la nebulosa, vio lo que le pareció era otra nova. El cielo estaba brumoso, así que probó de nuevo la siguiente noche. Esta vez no parecía haber ninguna duda. Una segunda placa fotográfica mostró lo que parecían ser tres novas.

De vuelta a su oficina al pie de la montaña, en Pasadena, comparó su placa con placas anteriores tomadas por Shapley y otros. La señal que confirmaría la existencia de una nova sería un punto brillante allí donde antes no había nada. Uno de sus puntos brillantes, sin embargo, se comportaba de una manera muy diferente. Durante un periodo de aproximadamente un mes había ido aumentando de brillo, se había debilitado, y se había iluminado de nuevo. Esto era un hallazgo mucho más importante de lo que Hubble esperaba. Anotó sobre la placa «VAR!» y en febrero escribió a Shapley: «Le interesará saber que he descubierto una variable Cefeida en Andrómeda». Según la escala de periodo-luminosidad que el propio Shapley había calibrado –la curva de Shapley– la espiral debía estar a un millón de años luz de distancia.

Hubble alardeaba de haber encontrado dos Cefeidas y nueve novas en Andrómeda y esperaba que pronto llegaran más. «Con todo, la próxima temporada promete ser feliz y será recibida con todos los honores y ceremonias necesarios.»

Ahí estaba intentando parecerse de nuevo a un catedrático de Oxford. Cecilia Payne recordó más tarde estar en la oficina de Shapley cuando llegó el envío: «Aquí está la carta que ha destrozado mi universo», recuerda que comentó éste, un poco melodramáticamente. Uno se pregunta si la memoria de Payne no estaría un poco nublada y si su visita no ocurrió después, ya que la reacción inmediata de Shapley apenas fue de derrota.

«Su carta hablando del puñado de novas y las dos variables de Andrómeda es el fragmento literario más entretenido que he leído en mucho tiempo», respondió unos días después. Continuando en este estilo, argumentó que las Cefeidas con periodos tan largos como un mes, como la que Hubble había usado para medir su distancia, eran poco fiables como candelas estándar. Lo más probable era que no hubiera encontrado ninguna Cefeida. Constantemente, proseguía Shapley, se encuentran falsas Cefeidas. Le podía mostrar algunos ejemplos, si Hubble lo deseaba, de la colección de placas de Harvard. Se necesitaría mucho más para convencer a Shapley de que su mapa del universo estaba equivocado.

Hubble siguió mirando al cielo. Apuntando el telescopio de 100 pulgadas hacia la constelación de Sagitario, amplió una mancha de luz de forma irregular que parecía una versión más pequeña y más débil de las Nubes de Magallanes. Había sido identificada por primera vez hacia mediados de los años 1880 a través de un telescopio de 5 pulgadas por Edward Emerson Barnard, un astrónomo aficionado con un ojo tan hábil que fue colaborador en Vanderbilt y después contratado como profesor en la Universidad de Chicago. Observaciones posteriores demostraron que el descubrimiento de Barnard (habitualmente llamado por su número del Nuevo Catálogo General, NGC 6822) era un cúmulo compuesto por varias nebulosas menores y numerosas estrellas individuales.

La cuestión, por supuesto, era si esta conglomeración era parte de la Vía Láctea. Durante los años 1923 y 1924 Hubble tomó unas cincuenta fotografías de la nube de Barnard, y las comparó con imágenes de años anteriores mediante un comparador. Al saltar de una placa a la otra, las estrellas variables pulsaban como semáforos. Encontró quince variables, concluyendo que la mayoría de ellas eran Cefeidas. Según la escala de periodo-luminosidad, lo que ya se podía llamar inequívocamente la Galaxia de Barnard se encontraba a 700.000 años luz de distancia.

Hubble también descubrió más Cefeidas en Andrómeda y en su vecina M33. Esta vez le comunicó las noticias a Shapley con la amabilidad de alguien que sabe que ha dado un giro a la astronomía. Reconociendo que era prematuro sacar conclusiones, remarcó que «todo apunta en una dirección y no haría daño comenzar a considerar las varias posibilidades implicadas.»

Shapley reconoció en seguida la importancia del descubrimiento. «No sé si estoy triste o alegre», respondió, «tal vez ambas cosas».

En un artículo posterior Hubble señalaba que NGC 6822 realmente parecía ser una «copia curiosamente fiel» de las Nubes de Magallanes. La galaxia tenía la misma forma general y la misma estructura. Tan sólo era más pequeña y débil. Si uno se fiaba de las Cefeidas para medir las distancias, la razón parecía clara. La Galaxia de Barnard estaba simplemente más lejos. Para Hubble esta consistencia no sólo confirmaba la regla de las Cefeidas sino un principio todavía más importante: «El principio de uniformidad de la naturaleza parece reinar inalterado en esta remota región del espacio».

## 5

Con pocas excepciones, el mundo astronómico reconoció casi inmediatamente que el debate de los universos isla había llegado a su fin. Incluso Henry Norris Russell se dio cuenta de que había apostado por el caballo equivocado. Instó a Hubble a anunciar sus descubrimientos en el encuentro anual de la Sociedad Astronómica Americana, que tendría lugar en Washington en colaboración con la Asociación Americana para el Avance de la Ciencia (AAAS). En los últimos años las reuniones de la AAAS han perdido importancia como lugar para desvelar nuevos descubrimientos. Los enormes encuentros anuales se dedican básicamente a sesiones educativas, dando a los científicos y periodistas la oportunidad de ponerse al día en los descubrimientos de campos diversos. Para muchos científicos y escritores de ciencia, esta reunión es principalmente un lugar donde relacionarse. Pero en 1925, el encuentro fue, como escribió Russell en una carta a Hubble, «un espléndido fórum para un gran descubrimiento científico». Russell también aseguró a su joven colega que era el más indicado para recibir el recientemente inaugurado Premio de los Mil Dólares de la AAAS al artículo más notable del año. Pueden imaginar su enfado cuando, al llegar a Washington para el encuentro, Hubble todavía no había mandado su artículo. Llegó, sin embargo, en el último momento, y el propio Russell lo leyó desde la platea. (Al final Hubble compartió el premio con el autor de dos artículos sobre los protozoos del interior de los tractos digestivos de las termitas.)

Se publicó un resumen de «Cefeidas en Nebulosas Espirales» en mayo de 1925, más de un año después de que Hubble se lo hubiera anunciado a Shapley. La razón del retraso, dijo Hubble a sus colegas, era la absoluta contradicción entre sus resultados y los de Van Maanen. Comprobando sus datos de nuevo, Van Maanen seguía insistiendo en que veía una rotación. Pero cuanto más detenidamente observaba Hubble las fotos, más inclinado se veía a coincidir con Lundmark en que no existía tal movimiento. Era un fenómeno visible tan sólo para un hombre.

Hasta el día de hoy todavía no se sabe dónde se equivocó Van Maanen. Tal vez la explicación más convincente es que las imágenes de estos remolinos estelares parecen indicar que deben moverse (como en verdad lo hacen, sólo que muchas veces más despacio). Van Maanen pudo verse influido subconscientemente por sus expectativas, viendo finalmente lo que deseaba ver.

El por qué Shapley continuó apoyando la teoría de Van Maanen, hasta que fue imposible seguir haciéndolo, no requiere un análisis complicado. Cecilia Payne le oyó explicar años después: «Al fin y al cabo, era mi amigo».

Si Shapley hubiera permanecido en el Monte Wilson, reservando noches para el impresionante telescopio de 100 pulgadas, este nuevo y mayor universo podría haber sido el suyo. Décadas después, la gente encendería sus televisiones y admiraría las gloriosas fotografías tomadas por el Telescopio Espacial Shapley. En vez de esto se le recuerda, algo injustamente, como el gran astrónomo que no supo ver más allá de su galaxia, convencido de que no podía haber nada más allá de la Vía Láctea.

En una entrevista décadas después, mantenía haber olvidado todo sobre el Gran Debate. Pero cuando hablaba de los años veinte, los detalles, algo mezclados, aparecían lentamente. Su recuerdo más vivo era el recuerdo falso de Einstein entre el público. Shapley dijo que le sorprendía que los historiadores dieran tanta importancia al suceso, afirmando, un poco desdeñosamente, que en «el tema asignado» –la escala del universo– él era el claro ganador.

«Yo estaba en lo cierto y Curtis equivocado en el punto principal: la escala, el tamaño. Es un gran universo, y él lo veía como un universo pequeño.»

Pero eso, en retrospectiva, parece una cuestión menor comparada con el acierto de Curtis –que nuestra galaxia, sin importar si es grande o pequeña, es una entre una multitud, un avance de lo que Hubble llegaría a llamar «el reino de las nebulosas»–. Su protegido Allan Sandage lo expresó así: «¿Qué son las galaxias? Nadie lo sabía antes de 1900. Poca gente lo sabía en 1920. Todos los astrónomos lo sabían después de 1924».

# 8

# La misteriosa K

Joven que deja las montañas Ozark para estudiar las
estrellas consigue que Einstein cambie de opinión.

–Springfield Daily News, 5 de febrero de 1931

En 1925, con los locos años veinte a medio camino, John T. Scopes
fue sentenciado por violar una ley de Tennessee que prohibía enseñar la evolución, o cualquier teoría que negara que el universo
había sido creado como se describía en el Génesis. Los fundamentalistas bíblicos, ofendidos por la sugerencia de estar emparenta-
dos con los monos, se habrían alterado mucho más de haber sabido de los últimos descubrimientos astronómicos. Tras más de 2.000
años de mediciones, los científicos tenían cada vez menos razones
para mantener la creencia de que había algo especial en la posición del Sol en la Vía Láctea, o de la propia Vía Láctea en el inaca-
bable mar de galaxias llamado universo.

Si hubiera habido, por ejemplo, un «Juicio de las estrellas» de
Hubble parecido al «Juicio de los monos» de Scopes, es posible
imaginar los argumentos de la acusación en contra del defensor
de tamaña herejía. Habría sido difícil, y muy poco convincente,
cuestionar las sencillas reglas de geometría usadas para triangular
las distancias dentro del sistema solar o incluso a las estrellas más

cercanas. Fuera la línea de base el diámetro de la Tierra o el diámetro de su órbita alrededor del Sol, el razonamiento detrás de tales mediciones se basaba en simple trigonometría y sentido común.

Más sospechosas, desde el punto de vista de los fundamentalistas astronómicos, eran las técnicas más indirectas; «galimatías matemático», habría protestado un William Jennings Bryan. Y no digamos cómo se hubiera exaltado con las Cefeidas. Tal vez la luminosidad intrínseca de las estrellas variables de las Nubes de Magallanes realmente venga indicada por la velocidad a la que pulsan, seguramente habría admitido. ¿Pero no es un acto de fe suponer que la misma norma es válida para las Cefeidas de todo el universo? ¿No podría haber hecho el buen Señor que las estrellas brillaran como le apeteciera?

Aquí un Clarence Darrow, como abogado defensor, podría haber indicado a su cliente Hubble que recordara al jurado cómo las distancias derivadas a partir de las Cefeidas encajaban perfectamente con las medidas hechas mediante otras técnicas, como las basadas en la luminosidad media de las estrellas más brillantes de una galaxia. Mediciones completamente independientes parecían apuntar a la misma conclusión. «Pero», habría replicado Bryan, «¿no suponen todos estos métodos que las estrellas cercanas a la Tierra son fundamentalmente iguales a las que están en los confines de los cielos? ¿No es eso un acto de fe?».

Darrow habría sido bastante listo al aceptar el argumento. Lo que los astrónomos asumían como un acto de fe era el principio de uniformidad: que las leyes de la física se obedecen de manera igual en todas las partes del reino cósmico. Habría sido un insulto al Creador creer que Él pudiera haber diseñado un universo de cualquier otra forma.

Aceptando este principio, es posible estimar la distancia a cualquier galaxia de la que fuese posible identificar estrellas individuales. Suponiendo que eran de un tipo similar a las cercanas, se podía deducir su magnitud absoluta y usarlas como candelas estándar. Echando mano del saco astronómico que contiene las variables, novas, y demás, se podría crear un mapa del universo, por lo menos de las regiones más cercanas.

Más allá de una cierta distancia, el método comienza a fallar. Incluso con el telescopio de 100 pulgadas del Monte Wilson, la mayoría de las nebulosas no eran más que manchas informes. Era casi imposible descubrir en ellas una variable Cefeida o incluso una estrella en explosión. Para mediciones muy toscas, era posible escoger una galaxia más cercana de distancia conocida y considerar todo el objeto como candela estándar: estimar su brillo intrínseco y suponer que las galaxias más lejanas producían aproximadamente la misma cantidad de luz. A partir de ahí se aplicaba la ley del cuadrado inverso. El método era similar a aquel que se usaba en el siglo XVIII cuando los astrónomos suponían, tanto por ignorancia como por comodidad, que todas las estrellas eran igualmente brillantes, haciendo que la debilidad del brillo permitiese medir directamente la distancia, y era igual de poco fiable. Tal vez la galaxia que se usaba como candela estándar era atípica, mucho más o menos brillante que las demás. Sin embargo, si se tomaba el valor medio de las luminosidades de varias galaxias conocidas y se usaba como regla, se podía por lo menos defender el procedimiento. Con este método primitivo, los astrónomos llegaron más allá de Andrómeda, descubriendo galaxias cuya luz tardaba millones de años en llegar a sus telescopios.

El proceso era parecido al de construir un gran edificio en el que cada piso descansa sobre el inferior. Con el diámetro de la Tierra como línea de base, se mide la distancia al Sol. Suponiendo que la cifra sea correcta, se sabe el diámetro de la órbita de la Tierra, una línea de base mayor con la que se triangulan las estrellas más cercanas. Basándose en esta información, se cartografía el movimiento del propio Sol a través de la galaxia, proporcionando una enorme línea de base que, con algo de tratamiento estadístico, permite medir la distancia hasta las Cefeidas y calibrar la regla de Henrietta Leavitt, y de ahí se da el siguiente gran paso.

Cuanto más arriba se llega, más precaria es la estructura. Colgados con sus telescopios del piso superior, los astrónomos sabían que era una insensatez pecar de confiados. En cualquier momento el soporte inferior podía hundirse y todo lo que habían construido se desmoronaría.

## 2

Comparada con la naturaleza incierta de las escalas de distancia, la vara de medir velocidades celestiales era bastante fiable. Gracias al efecto Doppler, se podía medir la velocidad de cualquier cosa que emitiera luz (estrellas, galaxias, nubes de gas) según su desplazamiento de color: un azul agudo si se acercaba hacia nosotros, o un rojo grave si se alejaba de nosotros.

Más concretamente, la velocidad podía determinarse por el desplazamiento de las líneas espectrales de un objeto. El método se basaba en un descubrimiento hecho por los científicos alemanes Gustav Kirchhoff y Robert Bunsen, que descubrieron en los años 1850 que podían identificar elementos químicos quemándolos en una llama y refractando la luz a través de un prisma. Ciertos colores determinados destacaban en el espectro; una combinación de líneas verticales brillantes tan única como una huella dactilar. El sodio, por ejemplo, brilla con color amarillo. Visto a través de un espectroscopio, se puede identificar por una pareja de «líneas de emisión» brillantes en puntos exactos de la parte amarilla del espectro.

Cuando Kirchhoff y Bunsen hicieron el descubrimiento, la existencia de los átomos era todavía polémica. En cuanto se descubrieron, el efecto resultó fácil de explicar: cuando un átomo absorbe energía, sus electrones saltan a órbitas superiores. Cuando vuelven a caer emiten varias frecuencias de luz. Cada tipo de átomo está construido de forma ligeramente diferente, y los electrones están distribuidos de una manera concreta, dando lugar a un dibujo característico.

Por razones similares, si una luz pasa a través de una sustancia gaseosa, como el hidrógeno o el helio, ciertos colores se filtrarán. El resultado en este caso es un dibujo característico de líneas de «absorción» a lo largo del espectro, otra huella dactilar única. (Los mismos colores marcados por las líneas de absorción aparecerían como líneas de emisión brillantes si el elemento se quemara.) Un científico llamado Joseph von Fraunhofer demostró que había líneas como éstas en el espectro del Sol. Utilizando tan sólo un prisma, era posible estar en la Tierra y descifrar la composición de la brillante esfera situada a 150 millones de kilómetros de distancia.

El siguiente paso natural era añadir prismas a los telescopios y analizar la composición química de las estrellas y las nebulosas. Resultó que éstas también presentaban las oscuras líneas de Fraunhofer, pero no en las posiciones esperadas. Estaban desplazadas hacia el lado rojo o azul del espectro. Suponiendo que estos desplazamientos estuvieran causados por el efecto Doppler, se podía calcular con precisión la velocidad de la galaxia. Algunas, como Andrómeda, estaban desplazadas hacia el azul, acercándose a la Vía Láctea, pero eran excepciones. La mayoría presentaban un desplazamiento al rojo, alejándose a velocidades vertiginosas.

A medida que los años veinte llegaban a su fin, los astrónomos fueron encontrando pruebas de un fenómeno todavía más extraño: cuanto más pequeña, débil, y supuestamente más lejana era una nebulosa, mayor era su desplazamiento al rojo. Algunos astrónomos descartaron este resultado como una anomalía, un defecto en sus técnicas. Los objetos más lejanos eran obviamente más difíciles de analizar que los cercanos. Algún tipo de error sistemático provocaba que los astrónomos sobreestimaran los desplazamientos al rojo más lejanos. Para corregir sus errores, añadieron un factor de error a sus cálculos, un término al que llamaron K. Se trataba de poner un parche a las ecuaciones que, cuando la calidad de las observaciones mejorara, se podría arrancar y tirar a la basura.

Pero existía otra interpretación más interesante: que el término K describiera un efecto físico real, que el desplazamiento al rojo realmente aumentara con la distancia. Buscando una explicación, algunos teóricos propusieron que se estaba en presencia de una cualidad hasta entonces desconocida de la luz: cuanto más lejos viajaba la luz, más se ensanchaban sus ondas y se desplazaba hacia el extremo rojo del espectro. Esta hipótesis se llegó a conocer como la teoría de la «luz cansada». Tal vez, proponían algunos, la causa era alguna peculiaridad einsteiniana del espacio-tiempo curvado.

Finalmente, era posible que las galaxias más lejanas realmente estuvieran alejándose a más velocidad que las más cercanas. Esto parecía demasiado bueno como para ser verdad. De ser así, el desplazamiento al rojo sería la vara de medir definitiva. La distancia a cualquier cosa, por lejos que estuviera, podría medirse, siempre que se pudiera ver su luz. Suponiendo que todas las estrellas estuvieran formadas por los mismos ingredientes básicos –hidrógeno, helio, etc.–, tenían que mostrar las conocidas series de líneas espectrales. Cuanto más desplazadas parecieran estar las líneas, más rápido se movía la galaxia y, si la teoría era correcta, más lejos estaba.

Durante una visita a Europa en 1928, Edwin Hubble, por entonces un afamado astrónomo, se enteró de esta curiosa conexión entre desplazamiento al rojo y distancia. A su vuelta, decidió investigarlo. Pidió a un ayudante, Milton Humason, que apuntara el telescopio de 100 pulgadas del Monte Wilson hacia una nebulosa lejana y observara el comportamiento de su espectro.

Humason aún parecía menos indicado para entrar en los anales de la astronomía que Henrietta Leavitt. Comenzó su carrera en el Monte Wilson como mulero, subiendo material y alimentos hasta la cima de la montaña. Se casó con la hija del ingeniero del observatorio y consiguió el puesto de conserje. Cuando le dieron la oportunidad de aprender a tomar placas fotográficas, demostró ser un excelente fotógrafo de estrellas y fue promocionado a astrónomo ayudante. Tan sólo tenía estudios primarios.

Humason comenzó su encargo apuntando hacia una nebulosa tan lejana que nadie había sido capaz de medir su desplazamiento al rojo: NGC 7619. La luz, dispersada por un prisma, imprimió su arco iris sobre una placa fotográfica. Cuando fue revelada mostró las dos características líneas oscuras, signo de la presencia de calcio. Como era de esperar, estas líneas estaban desplazadas al rojo. Lo que no era de esperar era el enorme tamaño de este desplazamiento. Humason tomó otra fotografía para confirmar el resultado. Trabajando con una calculista del Monte Wilson (nombrada en su artículo sencillamente como Miss MacCormack), informó que había medido una galaxia que se alejaba a una velocidad «el doble de grande que cualquier otra observada hasta la fecha»: 3.779 kilómetros por segundo, una velocidad que nos llevaría de aquí a la Luna en menos de dos minutos.

En las semanas siguientes, Humason midió más desplazamientos al rojo mientras Hubble estudiaba los resultados. Por entonces había recopilado una lista con las velocidades recesionales de cuarenta y seis nebulosas. Creía tener distancias fiables de la mitad de ellas, derivadas a partir de Cefeidas, novas, y otras varas de medición. Para esta muestra, la velocidad efectivamente parecía aumentar con la distancia, y de manera deliciosamente proporcional. Algunos astrónomos habían apuntado que la relación podría ser «cuadrática»: la velocidad aumentaría con el cuadrado de la distancia. Otros sugirieron ecuaciones más complicadas. Lo que Hubble descubrió no podría haber sido más sencillo: una nebulosa el doble de lejana que otra estaría moviéndose al doble de velocidad. Si se triplica la distancia, también se triplica la velocidad. La relación era del tipo que un matemático llama lineal. Escoge cualquier nebulosa del Universo y divide su velocidad por su distancia. El resultado es siempre el mismo número: alrededor de 150, según Hubble.

Este número fantástico no era otro que la misteriosa K sobre la que los astrónomos habían estado tratando de ponerse de acuerdo. Al parecer el «error» no era tal error sino un factor que describía cómo aumentaba el desplazamiento al rojo con la distancia. Una galaxia situada a 1 millón de años luz de la Tierra retrocedía a unos 150 kilómetros por segundo. Una galaxia a 10 años luz viajaba a 1.500 kilómetros por segundo. La velocidad es igual a la distancia multiplicada por K. O, lo que es más importante, la distancia es igual a la velocidad dividida por K. Aplicando esta nueva fórmula a NGC 7619, la galaxia que Humason había captado a la vertiginosa velocidad de 3.779 kilómetros por segundo, la situaba a más de 20 millones de años luz de la Tierra.

Es imposible saber, a partir del habitualmente infravalorado artículo de Hubble, o de la monótona explicación que dio unos años más tarde en la serie de conferencias llamada «El Reino de las Nebulosas», lo que sintió al descubrir que las distintas piezas que conformaban una nueva imagen del universo iban encajando entre sí. Conservador como siempre, fue comprobando repetidas veces sus medidas, asegurándose de que a partir de ellas no se llegara a conclusiones ridículas. Usando las magnitudes aparentes de las galaxias y sus nuevas distancias derivadas del efecto Doppler, calculó cuál sería su brillo real. Los resultados resultaron ser reconfortantes, puesto que eran parecidos a los que se obtenían para las galaxias más cercanas.

Durante los siguientes meses, Hubble y Humason siguieron poniendo la teoría a prueba. Hubble calculaba la distancia de una nebulosa utilizando varios métodos alternativos y predecía su desplazamiento al rojo incluso antes de que Humason lo midiera. Por entonces ya estaban midiendo galaxias con velocidades del orden de los 20.000 kilómetros por segundo (de la Tierra a la Luna en 20 segundos), situándolas a más de 100 millones de años luz.

Las cifras eran tan enormes que al principio algunos astrónomos no acababan de creérselas. En una visita a Pasadena, Harlow Shapley le comentó a un colega, «No me creo estos resultados».

Aunque seguramente esto no les importara demasiado ni a Hubble ni a su ayudante. Humason aún recordaba uno de sus últimos encuentros con Shapley, cuando éste todavía trabajaba en Monte Wilson. Escudriñando placas de Andrómeda con el comparador por parpadeo, Humason creía haber identificado estrellas que variaban periódicamente su brillo. Esto era más de dos años antes del histórico descubrimiento de Hubble que establecía a partir de Cefeidas que Andrómeda era una galaxia vecina pero lejana. Humason marcó los lugares donde ocurrían tales anomalías y llevó las placas a Shapley.

Explicando en tono condescendiente por qué no podían ser Cefeidas, Shapley sacó su pañuelo y limpió las placas, borrando los datos. Unos meses después dejó el observatorio para ir a Harvard.

### 3

En el fondo, Hubble, como Edward Pickering, era un observador y no un teórico, y evitaba especular más allá de lo que podían ver sus ojos. Hizo falta un Einstein para explicar la teoría y el mecanismo de lo que los astrónomos pronto llamaron la Constante de Hubble (sustituyendo ceremoniosamente la K de las ecuaciones por una H). ¿Por qué se movían las galaxias y por qué, con tan pocas excepciones, se alejaban todas de la Vía Láctea?

Imaginémonos las galaxias como participantes de una carrera. Después de un cierto tiempo, estarán distribuidos según su rapidez, los más veloces más lejos de la línea de salida y los más lentos más cerca. ¿Siendo esto así, no significa que hay algo especial y rabiosamente anticopernicano en nuestra posición en el universo, el punto del cual todo se aleja?

Un universo estático era más fácil de imaginar, incluso al principio para el propio Einstein. Al constatar éste que una de las consecuencias de su teoría de la relatividad general era que el cosmos podía estar expandiéndose, decidió reformular sus ecuaciones, cometiendo lo que más tarde calificaría de vergonzoso error. Ahora acababa de descubrir que el ajuste había sido innecesario. El universo realmente se movía. Visitando Pasadena en 1931 le dijo a la mujer de Hubble que el trabajo de su marido era «precioso» y admitió públicamente que su convicción previa de un universo estático estaba equivocada. El periódico del pueblo natal de Hubble en Missouri recogió la noticia: «Joven que deja las montañas Orzak para estudiar las estrellas consigue que Einstein cambie de opinión».

A Einstein le alegró poder devolver su teoría a su estado prístino. Lo que sus ecuaciones ahora describían era un universo en el que el propio espacio se estaba expandiendo. Segundo a segundo, las galaxias se separan entre sí como los puntos sobre un globo que se hincha. Visto de esta forma, el descubrimiento de Hubble no significaba que la Tierra estuviera en una posición especial, en el centro de todo. Desde cualquier punto del cosmos el efecto sería el mismo, con las galaxias alejándose en todas direcciones. Y si se pudiera dar marcha atrás al reloj, todo se acercaría más y se haría más compacto, convergiendo en un único punto. El Big Bang. El universo tenía un inicio. Y tal vez tendrá un fin.

Una teoría tan extraña, en la que ahora se cree como si fuese el evangelio, tenía entonces un interés secundario para los astrónomos. El propio Hubble no entraba en el significado de la Constante de Hubble. Universo en expansión, luz cansada…, no importaba. Lo que sabía con seguridad era que el desplazamiento al rojo, por alguna razón, aumentaba con la distancia, y eso le proporcionaba un medio de medir tan lejos como el telescopio era capaz de ver.

# 9

# La estampida cósmica

Todavía se tiene que elaborar un estudio definitivo
del instinto de manada de los astrónomos, pero
hay ocasiones en las que no parecemos más que
una manada de antílopes, cabezas bajas en formación
paralela, avanzando con firme determinación
en una dirección particular a través de la planicie.

–J.D. Fernie

En cuanto se acostumbró a la idea, el entusiasta Dr. Shapley acogió el nuevo universo con más alegría de la que el reservado Dr. Hubble dejaba traslucir. Siendo fiel a la tradición, reservaba el término «galaxia» para la Vía Láctea, y continuó refiriéndose a Andrómeda y los demás universos isla como nebulosas; «nebulosas extragalácticas», para ser más exactos. Etimológicamente esto podría ser lo correcto: «galaxia» significa leche en griego. Pero Shapley, como todos los demás, rápidamente generalizó el término, llamando galaxias a todos los universos isla. El tren casi se había ido sin él. Ahora estaba a bordo y bien sentado.

Si bien la antigua visión de Shapley de la Vía Láctea como la única galaxia parecía más débil año tras año, en cambio parecía estar en lo cierto en cuanto a su enorme tamaño. Al fin y al cabo, la misma calibración de las Cefeidas –la curva de Shapley– que había revelado una Vía Láctea con un impresionante diámetro de trescientos mil años luz había sido utilizada por Hubble para medir la distancia a Andrómeda. A partir de ahí había extrapolado hasta distancias más lejanas, utilizando el desplazamiento al rojo hasta alcanzar una distancia de cien millones de años luz. Si Hubble estaba en lo cierto respecto al tamaño del universo, Shapley tenía que estar en lo cierto respecto al tamaño de la Vía Láctea.

Y eso condujo a un dilema. Con las nuevas técnicas de medición, los astrónomos podían calcular el tamaño de las otras galaxias. Tan sólo midiendo el tamaño aparente y ajustando en función de la distancia se obtenía el verdadero diámetro. Bastante sencillo. Pero los resultados de los cálculos eran desconcertantes. Ninguna de las galaxias parecía ser ni remotamente tan grande como la nuestra. Andrómeda medía una décima parte de diámetro, mientras que otras iban desde tan sólo un millar de años luz hasta tal vez siete mil quinientos años luz. El término «universo isla» tomó un nuevo significado, con el énfasis trasladado a la segunda palabra. Si estas lejanas espirales eran islas, sostenía Shapley, entonces nuestra galaxia era un continente.

Unos años antes habría sido aceptable que la humanidad estuviera en la mayor galaxia de los alrededores. Pero la percepción de las cosas había cambiado. Shapley había desplazado al Sol del centro de la galaxia, y Hubble había desplazado nuestra galaxia del centro del universo. Este cambio de perspectiva comenzaba a estar tan afianzado que era la regla de oro con la que se juzgaban las nuevas ideas astronómicas. Si una teoría o una observación parecía sugerir que nosotros, los observadores, ocupábamos un lugar especial en los cielos, probablemente estaba equivocada.

Por supuesto que era posible que el azar hubiera conspirado para colocar a los humanos en un lugar especial. Pero otras discrepancias eran más difíciles de desestimar. Si la teoría del Big Bang era correcta, entonces el tamaño del universo era un indicador de su edad. Cuanto mayor fuese, más tiempo habría pasado expandiéndose desde la explosión primordial. Si las galaxias más alejadas estaban a dos mil millones de años luz de distancia, como sugerían medidas recientes, deberían haber tardado dos mil millones de años en llegar hasta allí.

Dos mil millones de años parecía un número razonable. La Tierra, sin embargo, al ser medida mediante el método de la datación radiactiva, resultó tener cuatro mil millones de años de edad, el doble de la edad del universo que la contenía. Algo en alguna parte tenía que ceder.

## 2

Cuando aparecen imperfecciones como ésta en el tejido del conocimiento, el error puede estar en cualquier nudo de la trama, el resultado de malos datos o de un supuesto falso, el funcionamiento erróneo de una estúpida máquina o de un cerebro humano. La gente puede ver cosas que al final resultan ser quimeras. O no ver lo que está justo delante de sus telescopios.

En el Observatorio Lick de California, un astrónomo de procedencia suiza llamado Robert Trumpler había estado estudiando unas estructuras llamadas cúmulos abiertos en la Vía Láctea. Estos agregados estelares –las Pléyades son un ejemplo– son más pequeños y están menos unidos que los cúmulos globulares que Shapley usó para cartografiar la galaxia. Comparando la luminosidad intrínseca de cada cúmulo con su brillo aparente, Trumpler calculó su distancia. Con esta información, podía convertir el tamaño aparente del cúmulo en su verdadero diámetro, en su tamaño real.

Después de medir de esta forma unos cuantos de ellos, se vio forzado a sacar una extraña conclusión: cuanto más lejos estaba un cúmulo de la Tierra, mayor era. ¿Qué hacíamos en medio de una disposición tan simétrica, rodeados por cúmulos cada vez más grandes?

Era más probable, razonó Trumpler, que una ilusión óptica le estuviera engañando. Todos sus cálculos, como los de casi todos los astrónomos, daban por supuesto que el espacio era transparente, un medio vacío a través del cual la luz viajaba sin impedimentos. Sin embargo, si la Vía Láctea estuviera impregnada de un fino polvo cósmico, las mediciones resultarían incorrectas; especialmente aquellas orientadas hacia donde hubiera más polvo, es decir, a lo largo del plano galáctico. La disminución de la luminosidad de una estrella o una galaxia podría deberse, además de a su distancia, a esta polución cósmica. Cuanto más lejana estuviera la galaxia, más pronunciado sería este efecto. Cuando Trumpler corrigió esta distorsión, los cúmulos resultaron ser aproximadamente del mismo tamaño.

Los astrónomos ya sabían que había polvo en la Vía Láctea. La sorpresa fue que pudiera ser tan omnipresente. Casi desde el principio, los observadores habían lidiado con la contaminación lumínica y del aire de la propia Tierra. A medida que la civilización fue desarrollándose y la claridad del cielo degenerando, fueron colocando los observatorios cada vez más altos. No se les había ocurrido que el propio espacio pudiera estar tan sucio.

Y así llegó el primer paso hacia la resolución del problema de la Gran Galaxia, el anómalo tamaño de la Vía Láctea. Cuando Shapley había tomado sus medidas, resulta que había estado mirando a través de un mar de niebla. Eso hacía que algunas de sus luces parecieran estar mucho más lejos de lo que realmente estaban. En cuanto se consideró el polvo en las ecuaciones, nuestra galaxia comenzó a contraerse. Eso todavía no impidió que siguiera siendo mayor que las otras, pero el ajuste parecía un paso en la dirección correcta. Todavía llegarían más correcciones.

**3**

Mientras el mapa que había trazado Shapley de la galaxia se encogía, el del universo era cada vez mayor. De nuevo la razón era el polvo cósmico. Debido a la neblina galáctica, Shapley había infraestimado la verdadera luminosidad de las Cefeidas de la Vía Láctea, las que formaban la base de la escala periodo-luminosidad. Cuando Hubble confió en este mismo estándar para medir la distancia hasta Andrómeda estaba, en la práctica, confundiendo una bombilla de 75 vatios con una de 60 vatios. Si estas Cefeidas en verdad fuesen más brillantes, entonces se encontrarían más lejos. Utilizando el desplazamiento al rojo, las otras distancias galácticas se habían realizado tomando como referencia Andrómeda, así que el error se había propagado.

Los astrónomos hoy en día ajustan de manera rutinaria la influencia de la polución cósmica. Como el polvo atmosférico que intensifica el rojo de las puestas de sol, el polvo del espacio interestelar se puede evaluar por el grado en que enrojece la luz. La lección, sin embargo, tardó una década en aprenderse. Durante años, un artículo tras otro ignoraba el factor polvo y, con errores que cancelaban otros errores, continuaban confirmando la calibración original de Shapley. Mirando hacia atrás años después, el astrónomo J.D. Fernie atribuía esta ceguera a un instinto de manada: «la mayoría de los astrónomos de la época sencillamente eran incapaces de creer que la absorción interestelar jugara un papel importante.»

El polvo resultó ser tan sólo una parte del problema. Mucho antes, durante el Gran Debate, Heber Curtis ya había sugerido que Shapley estaba excediéndose al considerar que las variables de los cúmulos globulares de la Vía Láctea mantenían la misma relación entre periodo y luminosidad que aquellas que Henrietta Leavitt había encontrado en las Nubes de Magallanes. Ambos tipos habían sido tenidos en cuenta para dibujar la curva de Shapley, la vara de medición que Hubble había usado para medir Andrómeda.

El principio de uniformidad apoyaba este tipo de generalizaciones. ¿Pero eran realmente iguales las dos variables? Si no fuese así, toda la escala de distancias estaría equivocada.

Ciertas anomalías celestiales parecieron indicar que esto era posible. Incluso teniendo en cuenta la distancia, los cúmulos globulares más brillantes de Andrómeda –los más fáciles de detectar– parecían ser intrínsecamente menos brillantes que sus equivalentes en la Vía Láctea. Un astrónomo alemán llamado Walter Baade recuerda discutir esta discrepancia con Hubble durante las noches nubladas de invierno en el Monte Wilson mientras esperaban que despejara. Hubble argumentaba que éste podría ser un caso en el que el principio de uniformidad no debiera seguirse a rajatabla. Al fin y al cabo, señaló, los cúmulos de la galaxia más lejana M33 o del Triángulo eran todavía más débiles.

Baade tenía una idea diferente. Tal vez la escala de distancias estaba equivocada. En realidad, los cúmulos de Andrómeda y del Triángulo no emitían menos luz. Sencillamente estaban más lejos de lo que se había creído. Si así fuera, la uniformidad se recuperaría. Pronto tuvo una oportunidad para poner a prueba su nueva teoría.

A mediados de los años cuarenta, muchos astrónomos habían partido para servir en la guerra. El propio Hubble estaba dirigiendo pruebas de misiles balísticos en el Campo de Pruebas de Aberdeen en Maryland. En cuanto a Baade, técnicamente un extranjero enemigo, pudo convencer a las autoridades de que no representaba una amenaza, con lo que le fue mucho más fácil reservar noches para utilizar el telescopio del Monte Wilson. Los apagones periódicos, realizados para desalentar los ataques aéreos sobre Los Ángeles, devolvieron el cielo a su negrura primitiva. Apuntando el telescopio de 100 pulgadas hacia Andrómeda, consiguió distinguir estrellas individuales, no sólo en los brazos espirales, sino también en el denso núcleo de la galaxia.

Descubrió lo que parecían ser dos tipos de luz. Las estrellas del centro galáctico y las de sus cúmulos globulares parecían tener un color diferente al de las estrellas «comunes» de los extremos de la galaxia. Eso significaba que los dos tipos tenían composiciones químicas diferentes. Mientras que las Cefeidas «clásicas» de Leavitt pertenecían a lo que hoy se llama Población I, las variables de los cúmulos de Shapley pertenecían a la Población II. Parecía más inconcebible que nunca suponer que obedecían la misma ley de relación entre periodo y luminosidad.

Cuando se puso en marcha el nuevo telescopio Hale de 200 pulgadas en el Monte Palomar, a 150 kilómetros al sureste del Monte Wilson, Baade apuntó hacia Andrómeda para verla más de cerca. Las Cefeidas clásicas eran de media 1,5 magnitudes más brillantes que las variables de los cúmulos. «En lugar de una sola relación entre periodo y luminosidad –concluyó–, hay en realidad dos.»

Cuando el nuevo y más brillante valor de las Cefeidas se introducía en la ley del cuadrado inverso, Andrómeda resultaba estar el doble de lejos de lo que había calculado Hubble. Y así ocurría con las distancias a los demás objetos. Como dijeron los periódicos, el tamaño del universo se duplicó de un día para otro. Y, desde la perspectiva de la teoría del Big Bang, duplicó su edad. Ya no era más joven que la Tierra.

El descubrimiento de Baade completaba la explicación de por qué las demás galaxias parecían mucho más pequeñas que la nuestra. Aquello también había sido una ilusión. Si estaban más lejos, entonces también eran mayores.

Finalmente, con los nuevos ajustes, la Vía Láctea se redujo a 100.000 años luz de diámetro, justo en el medio de los valores que Curtis y Shapley habían dado. Era, al fin y al cabo, tan poco extraordinaria como sus estrellas.

Hubble murió en 1953. Durante los siguientes años, Allan Sandage, el joven astrónomo que había sido su último ayudante, siguió midiendo desplazamientos al rojo y haciendo ajustes de la escala de distancia. Para algunas de sus calibraciones, Hubble había confiado en el método de la estrella más brillante. Sandage demostró que lo que su jefe había tomado por estrellas individuales eran regiones estelares enteras. Su luminosidad intrínseca era por lo tanto mucho mayor, colocando las galaxias mucho más lejos. Hubble, como habría dicho Shapley, había confundido árboles y arbustos. El universo se estaba expandiendo, no sólo a causa del big bang sino por la explosión de conocimiento astronómico.

Otra manera de expresarlo es que la Constante de Hubble –el número por el que se divide la velocidad de una galaxia para obtener su distancia– era cada vez más pequeño. Y así, debido a la naturaleza recíproca de la relación, el tamaño del universo siguió creciendo. Hubble inicialmente había obtenido un valor para la constante de 150 kilómetros por segundo por millón de años luz. Habitualmente, la relación se expresa usando «parsecs» en lugar de años luz. A medida que la Tierra orbita el Sol, una estrella que muestra un paralaje de 1 arcosegundo (1/3,600 de un grado) está, por definición, a un parsec (unos 3,26 años luz) de distancia. En esta escala la constante de Hubble era de unos 500, Baader la redujo hasta 250, y ahora Sandage hasta 75. Más tarde la reduciría de nuevo hasta 50, diez veces menor que el valor original. «La increíble constante que se encoge», la llamó un astrónomo. Cada vez que encoge, el mapa del universo se vuelve mayor. Todo eso es lo que significa este pequeño número. Y en sus fundamentos yacen las estrellas de Miss Leavitt.

# 10

# Cuentos
# de fantasmas

«¿Qué monstruos pueden ser?»
«Monstruos impersonales, es decir, Inmensidades. Hasta
que una persona no ha pensado en las estrellas y sus
intersticios, apenas sabe que hay cosas mucho más terribles
que los monstruos con forma, es decir, monstruos
de magnitud sin forma conocida. Dichos monstruos son
los vacíos y los lugares de desecho del cielo.»

–Thomas Hardy, Two on a Tower

Después de la muerte de Henrietta Leavitt en 1921, continuó siendo recordada durante años, no sólo por su descubrimiento de las variables Cefeidas sino por un cuento de fantasmas que circulaba por la Colina del Observatorio. Cecilia Payne, la joven astrónoma de Harvard (y después directora de departamento) que había heredado la vieja mesa de Henrietta, se divertía al oír rumores de que «la lámpara de Miss Leavitt todavía se veía arder durante la noche, que su espíritu vagaba por el almacén de las placas». Probablemente, concluyó, alguien había visto a la propia Payne trabajando de noche, a veces sobre teorías de estrellas variables.

Hay algo casi fantasmal en los débiles rastros que Leavitt ha dejado en los registros públicos, un ectoplasma biográfico preparado para ser modificado al gusto de cada uno. Años de tan poco reconocimiento han sido seguidos por una necesidad casi automática de mitificarla. Han puesto su nombre a un planetario, aunque sea uno virtual que tan sólo reside en Internet. Mientras que pusieron el nombre de Harlow Shapley a todo un cúmulo de galaxias, pusieron el de Leavitt (y Annie Cannon) a un cráter de la Luna.

En breves pinceladas biográficas esparcidas por la Red se repiten una vez tras otra los mismos datos escasos de la vida de Leavitt, a menudo incluso las mismas frases, que provienen de un par de fuentes fiables. Se ha convertido en el estandarte de gente menos interesada en su astronomía que en el hecho de que fuera mujer, y sorda. Ha sido incluida, de manera absurda, en la lista de «Los científicos creacionistas más importantes del mundo», al parecer por la única razón de que creía en Dios. Probablemente le habría horrorizado.

Entre los pseudohechos que circulan por la infoesfera se dice que fue nominada al Premio Nobel. Lo que sucedió es que en 1925 a Gösta Mittag-Leffler, un anciano matemático sueco, le habló un colega del trabajo de Leavitt y quedó tan impresionado que le escribió una carta. No sabía que ya había muerto. «Honorable Miss Leavitt –comenzaba–. Lo que mi amigo y colega el Profesor Von Zeipel de Uppsala me ha contado sobre su admirable descubrimiento de la ley empírica que conecta la magnitud y el periodo de las variables S. Cephei de la Pequeña Nube de Magallanes, me ha impresionado tanto que me siento seriamente inclinado a nominarla al premio Nobel de física de 1926, a pesar de que tengo que reconocer que mi conocimiento de la materia es todavía bastante incompleto.» Su campo era la teoría de funciones analíticas, no la astronomía.

Pidió más información asegurándole que manejaría el asunto «con la mayor discreción y en la manera que me parezca más propicia para avanzar mis planes». También prometió enviarle, para su inspección, un tratado que había escrito sobre Sonja Kowalewsky, una impresionante joven matemática rusa, y su correspondencia con Karl Weierstrass, el mentor que había guiado su carrera. Tal vez Mittag-Leffler esperaba que Henrietta fuese su Sonja.

Cuando la carta fue recibida en el observatorio, se la reenviaron al director, Harlow Shapley. Es difícil saber qué quiso decir exactamente con su respuesta:

«El trabajo de Miss Leavitt sobre las estrellas variables de las Nubes de Magallanes, que condujo al descubrimiento de la relación entre periodo y magnitud aparente, nos ha proporcionado una herramienta muy potente para medir grandes distancias estelares.»

¿Condujo a la relación entre periodo y luminosidad? Su manera de decirlo parece indicar que le negaba la paternidad de su gran avance, relegándola de nuevo a la categoría de calculista, una manipuladora diligente de datos.

La siguiente frase continúa en la misma línea, un elogio discreto compensado por una sutil condescendencia:

«A mí personalmente [el descubrimiento] me ha resultado de una gran utilidad, ya que tuve el privilegio de interpretar la observación realizada por Miss Leavitt, relacionarla con la magnitud absoluta, y extendiéndola a las variables de los cúmulos globulares, utilizarla en mis medidas de la Vía Láctea.»

Queda claro a quién nominaría Shapley para el galardón.

Hasta el final, el puesto de Leavitt siguió siendo de «ayudante». A pesar de que Solon Bailey, en su historia del Observatorio de Harvard, le otorga el reconocimiento por la relación periodo-luminosidad, describe su trabajo tan sólo de pasada y señala, quitándole importancia, que «el número de variables incluidas en la discusión de Miss Leavitt era lamentablemente bastante reducido, pero los datos acumulados fueron aumentando mucho desde entonces, sobre todo gracias a los estudios de Shapley».

Leavitt probablemente se habría sorprendido por el alboroto que más tarde acabó provocando su deliciosamente simple observación, y por lo lejos que fueron capaces de llegar Hubble y Shapley con ella. Si hubiera tenido la oportunidad –mejor salud, mejores tiempos– tal vez se habría unido a ellos. O tal vez no. Salvo que se descubra un fajo perdido de cartas, puede que no lo sepamos nunca.

Con el tiempo, alguien habría descubierto la ley de Henrietta. Es el descubrimiento y no el descubridor lo que importa. Que esto es así Miss Leavitt seguramente lo habría entendido enseguida, cosa que probablemente no pueda decirse de un Shapley o de un Hubble. Parecía satisfecha de ser una parte pequeña de una cosa mayor llamada ciencia.

En enero de 1920, un año antes de su muerte, un oficial del censo la encontró por última vez en el apartamento de Linnean Street con su madre. Entre sus vecinos había profesores, un comercial de una compañía de golosinas, un oficinista de banco, un auditor. Cuando le preguntó su profesión, Miss Leavitt contestó, honesta y tal vez con un tono algo desafiante, «Astrónoma».

## 2

Una tarde de primavera de 1996, setenta y seis años después del Gran Debate, tuvo lugar una reunión de astrónomos en Washington para un ciclo de conferencias llamado, de nuevo, «La Escala del Universo». El cosmos era setenta y seis años más viejo y, si se creía en la teoría del Big Bang, setenta y seis años luz mayor en todas las direcciones que en 1920.

Esta vez hubo un verdadero debate, con un continuo tira y afloja de hipótesis y argumentos. Los discursos de clausura estuvieron a cargo de dos conocidos astrónomos, Gustav A. Tammann y Sidney van den Bergh. Mientras que Tammann defendía un valor de la Constante de Hubble de alrededor de 55, van den Bergh la situaba en 80. Colocada en las ecuaciones de la expansión universal, esta pequeña diferencia se traducía en un universo que abarcaba, dependiendo de otros factores, entre los 10.000 millones y 15.000 millones de años luz.

Por grande que parezca, la diferencia se ha reducido en los últimos años. Los valores más bajos de la constante, alrededor de 50, tuvieron como defensor a Allan Sandage, quien continuó el trabajo donde Hubble lo había dejado, una oportunidad y una responsabilidad que llegó a comparar con la de haber sido el ayudante de Dante y heredar La Divina Comedia. (El legado incluía el incompleto –en realidad apenas comenzado– Atlas de Galaxias Hubble.)

Justo entonces, cuando el número parecía inamovible como la piedra, o por lo menos como cemento húmedo, un astrónomo llamado Gerard de Vaucouleurs la volvió a duplicar hasta el valor de 100, reduciendo a la mitad el tamaño del universo. La consiguiente controversia se conoció como «la Guerra de Hubble».

Como colaborador y protegido de Sandage, Tammann fue la persona ideal para llevar a cabo la defensa de un universo más viejo y mayor, mientras que van den Bergh demostró ser un gran contrincante. Cada uno de ellos cuestionaba la elección de candelas estándar del otro y la manera que tenía de interpretarlas. La audiencia llevaba coloridas chapas en la solapa, «Indicadores Hubble», en los que mostraban sus propias estimaciones del valor de la constante. Se podría haber salido del debate con la impresión de que el valor de esta constante fundamental no era más que una cuestión de opinión.

Pese a la inconstancia de la constante, Harlow Shapley y Heber Curtis estarían impresionados del grado de perfección que había alcanzado el arte de la medición intergaláctica. Edward Pickering y Henrietta Leavitt estarían boquiabiertos. El que ahora es el mayor telescopio del mundo, el Keck, situado sobre la cima del volcán hawaiano Mauna Kea a más de 4.000 metros, recoge luz con un espejo de 10 metros de diámetro. Eso es casi el doble de tamaño que el telescopio de 200 pulgadas del Monte Palomar que, a su vez, es el doble de grande que el que Hubble utilizó para demostrar que Andrómeda es una galaxia. Justo cuando parecía que los espejos ya eran tan grandes como era físicamente posible, los ordenadores y la tecnología robótica permitieron superar estos límites. El espejo del telescopio Keck está formado por treinta y seis secciones hexagonales, controladas individualmente por pistones de precisión para que todo funcione como un enorme reflector. Su forma se puede ajustar constantemente, nanómetro a nanómetro, para compensar la distorsión atmosférica, una técnica llamada óptica adaptativa. El vidrio se amolda al cielo.

De hecho, cuando tuvo lugar el segundo debate, había dos telescopios Keck, uno junto al otro sobre la montaña, que pronto se unirían mediante un interferómetro óptico, un aparato computarizado capaz de combinar la luz de ambos espejos, junto con la de varios telescopios menores, en una sola imagen. El resultado es tan potente como si procediera de un telescopio con un espejo de 85 metros de diámetro.

Para observaciones todavía más precisas, el Telescopio Espacial Hubble, lanzado en 1990, orbitaba a 600 kilómetros sobre la Tierra, enviando electrónicamente imágenes del espacio más profundo. Entre sus tareas estaba la de buscar Cefeidas.

Según la imagen resultante de estas investigaciones, Andrómeda, a dos millones de años luz de distancia, ahora resulta ser dos veces mayor que la Vía Láctea. Estas dos nebulosas marcan los límites de la constelación de galaxias llamada el Grupo Local, que también incluye al Triángulo, las Nubes de Magallanes, y varias docenas de galaxias enanas.

Cerca hay otros grupos llamados Sculptor, Maffei, Canes I, Canes II, Dorado... tantos (más de 150) que a la mayoría sólo se les dan números. Además de estos grupos hay «cúmulos» mayores, como Fornax, con 49 galaxias, y Eridanus, con 34. El mayor de todos en este rincón del universo es el cúmulo de Virgo, que contiene otras 200 galaxias. Juntando todos éstos tenemos el Supercúmulo de Virgo, una galaxia de galaxias, que se cuentan por miles y abarca 200 millones de años luz. Una de ellas es la Vía Láctea.

Todavía más allá están los supercúmulos vecinos: Coma, Centaurus, Hydra, Pavo-Indus, Capricornis, Horologium, Shapley, Sextans, etcétera; 80 de ellos en unos mil millones de años luz. Como era de esperar, nuestro Supercúmulo de Virgo resulta ser de los pequeños. En total se cree que hay decenas de millones de galaxias a menos de mil millones de años luz de nuestro sistema solar, más galaxias que las estrellas que antes había.

A pesar de todo el avance tecnológico que se ha realizado en astronomía, el método básico para medir distancias ha permanecido básicamente igual: se utiliza el desplazamiento al rojo para medir la velocidad recesional de una galaxia o cúmulo de galaxias, y se divide por la constante de Hubble para obtener la distancia.

Para calibrar la escala de Hubble, el método preferido sigue siendo las Cefeidas, cuando es posible encontrarlas. El Telescopio

Espacial Hubble las ha descubierto en lejanos cúmulos que antaño estaban más allá de nuestro alcance. Cuando acabó su misión en 1993, el Satélite de Recolección de Paralajes de Alta Precisión de la Agencia Espacial Europea, o Hiparcos, había medido movimientos de paralaje del orden de un miliarcosegundo, 1/1000 de un segundo de un grado. Entre las miles de estrellas cuya distancia midió con este método se incluían unas cuantas Cefeidas.

Sería reconfortante poder informar que Hipparcos había medido directamente el paralaje trigonométrico de por lo menos una Cefeida de la manera directa que utilizó Hiparco para medir la luna. Toda la escala de distancias celestial, escaleras apiladas sobre más escaleras, descansaría sobre unos cimientos más sólidos. Pero las Cefeidas más cercanas están todavía demasiado lejos, incluso para que el satélite pudiera calcular su distancia con precisión. Un análisis estadístico de las mejores mediciones pareció indicar que la escala tendría que corregirse en un 10 por ciento.

Pero la interpretación de estos datos es conflictiva. Es probablemente inevitable que cuantos más astrónomos investigan las estrellas de Miss Leavitt, menos simples parezcan. Las pulsaciones de algunas, incluyendo a Polaris, tienen sutiles «sobretonos», ritmos secundarios que pueden hacer que se salte el compás. Periódicamente surgen debates sobre si las Cefeidas de diferentes colores y contenido químico deberían tener diferentes curvas de periodo-luminosidad.

Para ajustar la Constante de Hubble, los astrónomos ahora también se basan en otro tipo de estrellas pulsantes, como las RR Lyraes (las viejas variables de «cúmulo» de Shapley) y las Miras. Además hay una amplia variedad de candelas secundarias, calibradas con las Cefeidas y usadas más allá de donde es posible separar estrellas individuales.

Durante el debate de 1920, uno de los argumentos en contra de los universos isla había sido la luminosidad extrema de una nova en Andrómeda. A menos que la nebulosa estuviera cerca, la nova debería haber sido increíblemente potente, fuera de toda escala. Para cuando se produjo el debate de 1996, los astrónomos hablaban con tranquilidad de «supernovas», intensos fogonazos de luz que provienen de estrellas que explotan. Un tipo de super-novas llamadas Tipo Ia han sido calibradas para su uso como can-delas estándar. Gracias a su extrema luminosidad han sido detecta-das a miles de millones de años luz de distancia.

Cuando se tienen que utilizar galaxias enteras como candelas estándar, los astrónomos confían en el método de Tully-Fisher: cuanto mayor sea una espiral, más rápido girará. Las galaxias mayo-res son también más brillantes, así que la luminosidad intrínseca se puede estimar a partir de su velocidad de rotación, que se mide utilizando desplazamientos Doppler.

Los detalles de éste y otros métodos pueden ser muy esotéricos, pero la idea en la que se basan es la misma: si se puede construir una teoría que relacione una característica observable –de una estrella, una supernova, una galaxia, un cúmulo– con su luminosi-dad intrínseca, entonces se puede utilizar como candela estándar.

De todas formas, las mediciones permanecen cargadas de incer-tidumbre. Además de la expansión del universo, los cúmulos galác-ticos también se atraen gravitacionalmente entre ellos. Estos «movi-mientos peculiares» provocan variaciones en la expansión de Hubble que deben ser corregidas. Se cree que nuestro Grupo Local está cayendo hacia el masivo Cúmulo de Virgo, un fenómeno llamado flujo virgocéntrico.

Los astrónomos también deben evitar los efectos de selección, dar demasiado peso en sus cálculos a las estrellas, galaxias y cúmu-los que son más fáciles de ver. El más conocido de éstos es la des-viación de Malmquist: las estrellas que se pueden escoger en un cúmulo son necesariamente las más brillantes. Si se confía en éstas para calcular la luminosidad promedio, el resultado será demasia-do alto.

Incluso con tantas maneras de equivocarse, los astrónomos han convergido hacia el consenso de que el universo tiene algo menos de 14.000 millones de años. Mirando desde cualquier pun-to del universo, un observador se encontrará en el centro de una burbuja que se extiende muchos años luz en todas direcciones. Todavía es difícil acostumbrarse a la idea. Nadie está en el centro y sin embargo todo lo está. Estés donde estés, no puedes ver más allá de lo que la luz ha sido capaz de viajar desde el big bang, la explosión que sucedió en todas partes y en ningún sitio, que creó el espacio y el tiempo.

# Epílogo
# Fuego en la montaña

Este libró comenzó con una parábola sobre una aldea que aprendió a medir la distancia hasta una montaña lejana. Por culpa de un supuesto erróneo –que la vegetación de la montaña era igual que la del cañón– los aldeanos creyeron que estaba mucho más cerca, dándose cuenta de su error tan sólo tras haber mandado una expedición.

Esta historia tiene un final. Mucho más tarde, los aldeanos construyeron un observatorio científico en la montaña. Construyeron grandes torres y aprendieron a concentrar la luz con tubos equipados de lentes y espejos. Observando las tierras desconocidas, se dieron cuenta de que su exploración apenas había comenzado. La montaña no era más que un montículo. Lo que se divisaba sobre el nuevo horizonte era un pico que, ampliado muchas veces, era de una grandeza imponente.

También estaba cubierto de verde, y esta vez, para evitar equivocarse de nuevo, los aldeanos utilizaron la altura promedio de su vegetación como medida estándar. Ya no se confundirían árboles con arbustos. Mientras que la montaña sobre la que se hallaban se encontraba a mil anchuras de cañón de la aldea, esta nueva montaña parecía estar aproximadamente mil veces más lejos. Sabían que no visitarían este lugar en toda su vida, y probablemente tampoco lo harían sus descendientes.

Durante una noche de vigía en la torre, uno de los científicos vio una luz brillante en el horizonte. La remota montaña se había incendiado. Midiendo la intensidad de la luz, el científico hizo algunos cálculos. A partir de la distancia a la que se encontraba y su tamaño aparente, ya había estimado su tamaño real. Ahora calculaba cuánta luz se produciría si toda la montaña se incendiara.

El resultado no tenía sentido. Las llamas eran tan brillantes que debían ser mucho más intensas que cualquier cosa parecida a la combustión común.

Cuando informó de su descubrimiento a sus colegas en la aldea, se barajaron varias hipótesis. Uno propuso que alguna peculiaridad del aire podría haber ampliado la luz, actuando como una lente natural, pero pocos lo consideraron probable. Fue más popular la teoría de que el fuego en las tierras lejanas ardía mucho más caliente, que habían descubierto un nuevo tipo de energía.

El científico que había hecho la observación tenía otra idea: que esta vez habían sobreestimado la distancia. Si la montaña estuviera cien veces más cerca, la anomalía sería explicable.

Algo así ocurrió en la Tierra. Era 1963 y Maarten Schmidt, un astrónomo del Monte Palomar, acababa de observar que un objeto parecido a una estrella («casi-estelar») llamado 3C273 mostraba un desplazamiento al rojo que lo colocaría a varios miles de millones de años luz, tan lejos como algunas de las galaxias más remotas.

Pronto se encontraron otros quásares que tenían desplazamientos al rojo todavía más acentuados. Parecían estar alejándose de nuestra porción de espacio a una velocidad cercana a la de la luz. La ley de Hubble los colocaba casi en el borde del universo visible. Para que algo tan remoto brillara tan intensamente, debía estar emitiendo la luz de miles de galaxias, la energía generada, tal vez, por la materia cayendo en el intenso campo gravitacional de un agujero negro.

Fuese cual fuese la causa, aceptar que estos fantásticos objetos se hallaban a una distancia tan enorme causaba todo tipo de problemas. El quásar 3C273 (la entrada 273 del Tercer Catálogo Cambridge de Fuentes Radio) expulsa desde su núcleo un chorro de luz que parece estar viajando a varias veces la velocidad de la luz. Eso, por supuesto, es imposible. Los astrónomos propusieron rápidamente una explicación más plausible: el movimiento super-lumínico es probablemente una ilusión. El chorro está dirigido casi recto hacia nosotros, haciendo que parezca mucho más veloz de lo que realmente es.

Existe, sin embargo, otra posibilidad: que 3C273 y los demás quásares se hallen en realidad mucho más cerca. En este caso la velocidad del chorro de luz sería mucho, pero mucho menor. Esto, además, resolvería otro problema. Si los quásares están cerca de nosotros, entonces no hace falta suponer que brillan con tantísima intensidad.

Para que esto sea cierto, el desplazamiento al rojo debería tener otra razón adicional a la expansión Hubble, tal vez la antigua teoría de la «luz cansada» o un fenómeno físico desconocido. Si así fuese, el universo sería mucho más pequeño, y puede que ni siquiera hubiera ocurrido un big bang.

La idea de que los desplazamientos al rojo son «no cosmológicos» es, siendo generosos, una visión minoritaria. La gran mayoría de astrónomos están persuadidos de que los quásares son realmente luces cegadoras situadas cerca del borde de lo que es posible ver.

Uno de los argumentos más fuertes lo proporciona un extraño fenómeno llamado lentes gravitacionales. A veces los astrónomos ven dos quásares, uno justo al lado del otro. El desdoblamiento, sin embargo, no es más que una ilusión. Según la teoría de la relatividad general, la gravedad puede curvar la luz. Algo tan masivo como una galaxia puede actuar como un enorme pedazo de cristal curvado, proyectando una imagen doble. Para que esto sea así el quásar debe estar situado detrás y no delante de la galaxia, y por lo tanto a una distancia enorme.

A cada paso que damos hacia fuera, el acto de medir distancias se vuelve un poco más abstruso. Con aritmética y una regla se puede ir de la mesa a la ventana, con trigonometría y un tránsito hasta la luna y, con unos pocos supuestos, hasta las estrellas más cercanas.

«A medida que aumenta la distancia, nuestros conocimientos van desvaneciéndose, y muy rápidamente», dijo Hubble, en un raro momento de elocuencia oratoria. «Eventualmente, llegamos a la frontera de lo visible, marcada por nuestros telescopios. Ahí, medimos sombras y buscamos, entre fantasmagóricos errores de medición, puntos de referencia que apenas son más sustanciales.»

Establecer la distancia hasta los quásares no sólo requiere la ley de Hubble, sino que debe fundamentarse en la relatividad de Einstein. Las primeras mediciones se proponían recoger datos para verificar teorías. Ahora la propia vara de medir se ha convertido en otra teoría a verificar.

# Agradecimientos

Mi creciente curiosidad sobre Henrietta Swan Leavitt apenas podría haber sido saciada sin la ayuda de Louisa Gilder, quien buscó en los archivos de Harvard y Radcliffe con una destreza y una habilidad muy superiores a las de un investigador.

También quiero dar las gracias a Kathleen Rawlins y Susan E. Maycock de la Cambridge Historical Comission; Jolene Passey, Faye Leavitt, y Joseph Leavitt de la Western Association of Leavitt Families, y Winston Leavitt de la National Association of Leavitt Families. Me beneficié ampliamente del trabajo de varios historiadores de la astronomía de principios del siglo xx, entre ellos Gale Christianson, J.D. Fernie, Owen Gingerich, Dorrit Hoffleit, Michael Hoskin, Peggy Aldrich Kidwell, Pamela Mack, Robert W. Smith, y Virginia Trimble (cuyos libros y artículos están citados en mis notas). En el Observatorio de Harvard, Alison Doane me guió a través de las estanterías de placas fotográficas y las viejas libretas, y me ayudó a encontrar la oficina donde probablemente trabajaron Henrietta Leavitt y las demás calculistas.

Varias personas han leído generosamente el manuscrito, ayudándome a buscar un equilibrio entre claridad y precisión. En primer lugar agradezco a los expertos: Owen Gingerich, Profesor Investigador de Astronomía e Historia de la Ciencia en la Universidad de Harvard; Alison Doane, Encargada de las Fotografías Astronómicas del Observatorio de Harvard; su predecesora, Martha Hazen; Stephen

Maran de la Sociedad Astronómica Americana; y Virginia Trimble, Profesora de Astronomía e Historia de la Ciencia en la Universidad de California en Irvine. Igualmente de valiosos fueron los comentarios de diversos lectores inteligentes aunque no especialistas, el tipo de gente a quien está dirigido este libro: Louisa Gilder, Julie Kinyoun, Douglas Maret, Nancy Maret y Olga Matlin.

De James Atlas Books y Norton, me gustaría dar las gracias al propio Mr. Atlas, a Jesse Cohen, Ed Barber, y Angela Von der Lippe, por su apoyo y entusiasmo. Gracias también a Trent Duffy, el excelente editor del manuscrito, y a Esther Newberg y Christine Bauch de International Creative Management.

# Notas

## Epígrafes

p. 9    «Sus columnas se alargaban»: Thomas Mallon, *Two Moons* (Nueva York: Pantheon, 2000), p. 11.

p. 9    «Entonces, mediante el instrumento a su disposición»: Thomas Hardy, *Two on a Tower* (Nueva York, Harper & Brothers, 1895), p. 33.

## Prólogo. La aldea en el cañón

p. 21    Como verán los lectores en el capítulo 6, mi historia sobre la aldea en el cañón está elaborada a partir de un comentario de Harlow Shapley durante el Gran Debate de 1920.

p. 25    La vista desde Tau Ceti está descrita en las páginas 170-71 de *Time for the Stars de Heinlein* (Nueva York: Charles Scribner's Sons, 1956).

## 1. Estrellas negras, noches blancas

p. 29    «Trabajamos del alba al ocaso»: Jones y Boyd, Harvard College Observatory, p. 190. Este libro y la *History and Work of the College Observatory* de Bailey son las dos obras de referencia para la historia de los inicios del observatorio.

p. 29    Las calculistas ganaban diez céntimos más que un recogedor de algodón: Pamella Etter Mack, «Mujeres en la Astronomía de los Estados Unidos, 1875-1920» (tesis de fin de carrera, Universidad de Harvard, 1977). También hago referencia a su capítulo, «Desviándose de sus órbitas: mujeres en la astronomía en América», en *Women in Science*, editado por Kass-Simon y Farnes, pp. 72-116.

p. 30    Un sistema de muelles de ballesta: Alison Doane, responsable de las fotografías astronómicas en el observatorio, me ha hecho saber que su propia investigación no confirmaría esta historia. El repositorio fue construido durante los años treina.

p. 33    «Es fantástico ver las estrellas»: William Cranch Bond, carta al presidente de Harvard Edward Everett, 22 de septiembre de 1848, citado por Jones y Boyd, p. 68.

p. 34    El Gran Refractor extendió el alcance hasta la decimocuarta magnitud: uno de los primeros grandes descubrimientos del telescopio, realizado en 1848 por William Cranch Bond y George Bond, fue la octava luna de Saturno, Hiperión, que está entre las magnitudes catorce y quince.

p. 35    Mi retrato de Pickering está realizado a partir de Bailey, pp. 243-52, y Jones y Boyd, pp. 178-82.

p. 36    Con el tiempo Harvard midió y catalogó cuarenta y cinco mil estrellas: Jones y Boyd, p. 202. Los resultados se publicaron en 1908 como *The Revised Harvard Photometry* y apareció en los volúmenes 50 y 54 de los *Annals of the Astronomical Observatory of Harvard College*.

p. 37    La saga de la estación de observación de Arequipa se describe de manera entretenida en *Whisper and Vision*, de Fernie, pp. 153-88. También hay relatos en Bailey y Jones y Boyd.

p. 37    «Un gran observatorio debería estar tan cuidadosamente organizado»: Pickering, durante una conferencia el 28 de junio de 1906 dirigida a la Fraternidad de Harvard Phi Beta Kappa, Archivos de la Universidad de Harvard.

p. 38    25 céntimos por hora equivalían al salario mínimo. Ajustados por la inflación, 25 céntimos de 1900 serían 5,27 dólares en el 2003. Fuente: «The Inflation Calculator», www.westegg.com/inflation.

p. 38    En Jones y Boyd había retratos de Fleming, Cannon, Maury y otras calculistas.

p. 38    Las horas de trabajo y los salarios de las calculistas se describen en Mack, «Women in Astronomy».

p. 39    «Parece que cree que ningún trabajo es demasiado largo»: Diario de Williamina Paton Fleming, 12 de marzo de 1900, en los archivos de Harvard. (Al parecer el diario es parte de un proyecto en el que se pidió a miembros del personal y a estudiantes que escribieran un diario que mostrara cómo era la vida en la universidad.)

p. 39   El trato de Pickering de la petición de una subida de sueldo de Fleming está documentada en la entrada de la misma fecha de su propio diario, también en los archivos de Harvard.

p. 39   El salario de Pickering se puede encontrar en Jones y Boyd, p. 182. La descripción de su día de trabajo típico proviene de su diario.

p. 40   *El delantal del observatorio*: Jones y Boyd, pp. 189-93. El autor de la parodia fue Winslow Upton.

## 2. Cazando variables

p. 43   «Mis amigas dicen, y reconozco que es verdad»: La carta de HSL a Pickering, con fecha de 13 de mayo de 1902, está en los archivos de la Universidad de Harvard.

p. 45   La genealogía de la familia Leavitt proviene de la excelente base de datos de la Western Association of Leavitt Families en www.leavittfamilies.org, y de la información proporcionada por la National Association of Leavitt Families, además de una publicación privada, «Descendientes de John Leavitt, el Inmigrante, a través de su hijo, Josiah, y Margaret Johnson», por Emily Leavitt Noyes (Tilton, N.H., 1949), pp. 83, 105, 133.

p. 45   La descripción del hogar de los Leavitt en Warland Street (ahora Kelly Road) proviene de los documentos del censo, la Cambridge Historical Comission, los directorios de Cambridge, y una visita a la casa, que sigue en pie. El único registro que encontré de la muerte de Roswell fue la inscripción sobre su lápida en el cementerio de Cambridge.

p. 46   La máquina de vapor de Erasmus Leavitt se describe en un panfleto repartido por la Sociedad Americana de Ingenieros Mecánicos, «The Leavitt Pumping Engine at Chestnut Hill Station of the Metropolitan District Comission, Boston, Mass», impreso con ocasión de su designación como Hito Histórico Nacional de la Ingeniería Mecánica por la Sociedad Americana de Ingenieros Mecánicos el 14 de diciembre de 1973.

p. 46   Para HSL en Oberlin me basé en los archivos de antiguos alumnos de la universidad. Su estancia en Radcliffe está documentada en su transcripción, anuarios, y otros registros de los archivos de Radcliffe. El periodo entre Radcliffe y Harvard se describe en un cuestionario de una página que rellenó para Oberlin el 6 de abril de 1908.

p. 47   «Miss Leavitt heredó, en una forma algo casta»: El obituario de Bailey de HSL aparecía en *Popular Astronomy* 30, nº 4 (abril de 1922), pp. 197-99. (Le seguía el artículo, «¿Debemos aceptar la Relatividad?» de William H. Pickering, el hermano de Edward.)

p. 49   «con un entusiasmo casi religioso»: Bailey, *History and Work*, p. 264.

p. 49   La correspondencia entre HSL y Pickering durante su estancia en Beloit se encuentra en los archivos de Harvard.

p. 50   La corta biografía en la que se dice que HSL está «extremadamente sorda» en Radcliffe aparece en el volumen 8 del *Dictionary of Scientific Biography*, editado por Charles Coulston Gillispie (Nueva York: Charles Scribner's Sons, 1973)

p. 50   La carta enviada desde el S.S. Commonwealth y la nota del hermano de HSL según la cual recibe su paga están en los archivos de Harvard.

## 3. La ley de Henrietta

p. 53   «Miss Leavitt es una verdadera "fanática" de las estrellas variables»: La carta, con fecha del 1 de marzo de 1905 es del profesor Charles Young de Princeton; está citada en Jones y Boyd, *Harvard College Observatory*, p. 42.

p. 53   «En ninguna otra parte del cielo»: Esta cita de John Herschel aparece en *The Inner Metagalaxy*, de Shapley, p. 42.

p. 54   «Los hombres le decían, en furiosas cartas»: La conferencia del Reverendo Leavitt en el encuentro anual de la Asociación Misionaria Americana se publicó como «Predicar: El Principal Trabajo del Misionario»; *The American Missionary* 39, nº 3 (Marzo de 1885), pp. 76-79. (Erróneamente se refiere al astrónomo como James Herschel.)

p. 55   La visita de HSL a Europa está documentada en una carta a Pickering del 4 de agosto de 1903, que se encuentra en los archivos de Harvard.

p. 55 «Un número extraordinario»: De H.S. Leavitt, «1777 Variables en las Nubes de Magallanes», *Annals of the Astronomical Observatory of Harvard College* 60, n.º 4 (1908), pp. 87-108.

p. 56 La nota sobre HSL en el Washington Post apareció el 28 de enero de 1906, en la página 4.

p. 56 «La estrella más al norte de una pareja muy junta»: H.S. Leavitt, «1777 Variables», p. 107.

p. 56 «Se alojaba con el tío Erasmus»: El Directorio de la Ciudad de Cambridge sitúa a HSL en la dirección de su tío Erasmus, en el número 33 de Garden Street.

p. 56 La Sociedad Americana de Astronomía y Astrofísica: Ésta se convertiría en 1914 en la Sociedad Americana de Astronomía, después de una larga y reñida lucha por la que se trató de evitar que la nueva ciencia de la astrofísica se englobara bajo la rama de la astronomía. Véase «How Did the AAS Get Its Name?» de Brant L. Sponberg y David H. DeVorkin, en la página web de la Sociedad, www.aas.org/≈had/name.html. En dos cartas a Pickering (20 de diciembre de 1905, y 20 de diciembre de 1906), HLS se refiere a este grupo simplemente como Sociedad Astrofísica.

p. 57 «Vale la pena comentar»: Leavitt, «1777 Variables», p. 107.

p. 57 «No hemos dejado de observar»: El legendario artículo de Watson y Crick, «Estructura Molecular de los Ácidos Nucléicos», apareció en *Nature* 171 (1953), pp. 737-38.

p. 58 Las cartas que HSL escribió durante su enfermedad en 1908-1910 están en los archivos de Harvard. La descripción de la casa de los Leavitt en Beloit proviene del censo. Aquel año los oficiales del censo preguntaron si alguien en la casa era sordo, pero el registro está marcado de manera ambigua, así que es imposible saber si Henrietta fue colocada en esa categoría.

p. 60 La propiedad del Reverendo Leavitt se detalla en su testamento (Commonwealth of Massachusetts, registros de la corte del condado de Middlesex). La visita a casa de Henrietta tras su muerte está documentada en cartas del archivo de Harvard.

p. 60 La visita a Des Moines se menciona en una carta con fecha del 3 de julio de 1911, que en los archivos de Harvard se atribuye a Mrs. W.G.H. Strong. En junio de 1901 la hermana de Henrietta, Martha, se había casado con William James Henry Strong, natural de Council Bluffs, Iowa.

p. 61 «Una notable relación»: De Edward C. Pickering, «Periodos de Veinticinco Estrellas Variables en la Pequeña Nube de Magallanes», *Harvard College Observatory Circular* nº 173 (3 de marzo de 1912). La relación entre el periodo y la luminosidad es logarítmica.

p. 62 Medición con Cefeidas: HSL era claramente consciente de las posibilidades que abría su descubrimiento si la escala se podía calibrar. Como escribió en la última página de su informe, «Es de esperar, también, que se puedan medir los paralajes de algunas variables de este tipo».

## 4. Triángulos

p. 63 «No había pensado en usar de una manera tan bella»: citado en Smith, *The Expanding Universe*, p. 72.

p. 63 Una fuente fiable sobre la historia del paralaje astronómico es el libro de Albert van Helden *Measuring the Universe*. Otros buenos relatos incluyen el libro de Kitty Ferguson con el mismo nombre y Parallax, de Alan W. Hirshfeld. También me basé en dos buenas historias de astronomía, *The Sleepwalkers de Arthur Koestler*, y *Coming of Age in the Milky Way* de Timothy Ferris.

p. 66 El primer astrónomo en medir la distancia hasta Marte fue Gian Domenico Cassini, director del Observatorio de París.

p. 67 El tránsito de Venus tiene lugar dos veces por siglo, pero no cada siglo. A los tránsitos de 1874 y 1882 les seguirán los de 2004 y 2012.

p. 72 El uso que Ejnar Hertzsprung hace del movimiento del Sol para triangular algunas de las Cefeidas es algo más complicado de lo que describo. Para determinar qué cantidad del movimiento de una estrella se debe al paralaje solar primero se debe tener en cuenta cuánto se ha movido. Esto se puede lograr con métodos estadísticos similares a los usados por Shapley para medir la galaxia (véase capítulo 5).

p. 72 El artículo de Hertzsprung apareció en *Astronomische Nachrichten* 196, pp. 201-10.

p. 73 «Que el mejor servicio que podía prestar»: Bailey, *History and Work*, p. 25.

p. 73 Diario de trabajo de HSL, en los archivos de la Universidad de Harvard.

p. 73    Recuperándose de una operación de estómago: La carta de HSL a Pickering, con fecha de 8 de mayo de 1913, en los archivos de Harvard.

p. 74    «Es deseable que la escala estándar»: HSL, «La Secuencia Polar Boreal», *Annals of Harvard College Observatory* 71, nº 3 (1917), p. 230.

## 5. Las hormigas de Shapley

p. 77    «En mi opinión, su descubrimiento de la relación»: Carta de Shapley a Pickering, 24 de septiembre de 1917, correspondencia de Shapley, archivos de Harvard.

p. 77    «Es mucho más natural y razonable»: Kant, *Allgemeine Naturgeschichte un Theorie des Himmels*, publicado en 1755.

p. 77    Buenas fuentes sobre la constroversia de principios del siglo XX sobre la naturaleza de las nebulosas se encuentran en *The Expanding Universe*, de Smith, y el artículo de J.D. Fernie «The Historical Quest for the Nature of Spiral Nebulae», *Proceedings of the Astronomical Society of the Pacific* 82 (1970), pp. 1189-1230.

p. 78    «Ningún pensador competente»: Citado en Struve y Zebergs, *Astronomy of the Twentieth Century*, p. 436.

p. 79    «Rodeada y envuelta»: Smith, p. 21.

p. 79    Una magnitud absoluta de -8: Los astrónomos sabían esto porque el efecto Doppler daba una lectura directa de la velocidad a la que se expandía la nova en la dirección de la Tierra. Comparando dicho número con la velocidad a la que la nova parecía expandirse desvelaba la distancia, y a partir de la distancia se podía calcular la luminosidad intrínseca. Curtis entonces dio la vuelta al procedimiento, utilizando la hipotética luminosidad para estimar la distancia hasta novas fuera de la Vía Láctea.

p. 80    Shapley habla de las hormigas en su libro *Through Rugged Ways to the Stars*, pp. 65-68.

p. 82    «[E]sta proposición apenas necesita prueba»: Harlow Shapley, «On the Nature and Cause of Cepheid Variation», *Astrophysical Journal* 40 (1914), p. 449.

p. 83    La habilidosa cadena de suposiciones de Shapley fue desarrollada en diecinueve artículos titulados «Studies Based on the Colors and Magnitudes in Stellas Clusters»; en algunos de los últimos figura como coautora su mujer, Martha, y algunos de sus cola-

ANTES DE HUBBLE, MISS LEAVITT

boradores. Una lista completa de citas se puede obtener a través de la página de la Bruce Medalist Web de Shapley: www.phys-
astro.sonoma.edu/BruceMedalist/Shapley. Véase también la
detallada biografía en Smith.

p. 83    Vivía sola en una pensión de Cambridge: De hecho en el
         Directorio de la Ciudad de Cambridge figuran dos: 49 de la
         calle Towbridge y 49 de la calle Dana.

p. 84    «Sabe Miss Leavitt si tienen periodos cortos»: Carta de Shapley
         a Pickering, 27 de agosto de 1917, correspondencia de Shapley,
         archivos de Harvard.

p. 84    «Miss Leavitt está ahora ausente por vacaciones»: Carta de
         Pickering a Shapley, 18 de septiembre de 1917, ibid.

p. 84    «Su descubrimiento de la relación entre el periodo y la lumino-
         sidad»: Carta de Shapley a Pickering, 24 de septiembre de 1917,
         ibid.

p. 84    «Creo que el trabajo fotométrico más importante»: Carta de
         Shapley a Pickering, 20 de agosto de 1918, ibid.

p. 85    «Hace unos días hablé con Miss Leavitt»: Carta de Pickering a
         Shapley, 14 de septiembre de 1918, ibid. Shapley murió el 3 de
         febrero de 1919.

p. 86    La investigación de Van Maanen sobre la rotación de las nebu-
         losas espirales se centraba en M101, M51 y M33.

p. 86    «Así que el centro ha cambiado»: La carta de Shapley a Hubble,
         con fecha del 19 de enero de 1918, está citada en Owen Gingerich,
         «Shapley's Impact», en el Simposium Harlow Shapley sobre
         Sistemas de Cúmulos Globulares en Galaxias, *Proceedings of the
         126th International Astronomical Union Symposium*, Cambridge,
         Mass., 25-29 de agosto, 1986 (Dordrecht, Holanda: Kluwer
         Academic Publishers, 1988), pp. 23-26.

p. 86    «El hombre no es una gallina tan grande»: Shapley, *Through
         Rugged Ways*, p. 60.

## 6. La difunta Gran Vía Láctea

p. 89    «El espectro de la nebulosa espiral típica»: De las notas que
         Curtis utilizó en su debate de 1920 con Shapley, Allegheny
         Observatory Archives, Pittsburgh.

p. 89    El viaje en tren a Washington se describe en Shapley, *Through
         Rugged Ways to the Stars*, pp. 77-78.

p. 89     La discusión que tuvo lugar antes del debate está descrita vívi-
          damente por Michael A. Hoskin en «The Great Debate: What
          Really Happened», *Journal for the History of Astronomy* 7, pp. 169-
          82. También me basé en el entretenido y académico artículo de
          Virginia Trimble «The 1920 Shapley-Curtis Discussion:
          Background, Issues and Aftermath», *Proceedings of the Astronomical
          Society of the Pacific* 107 (1995), pp. 1133-44, y en el relato analí-
          tico de Smith en *The Expanding Universe*, pp. 77-86, y en Struve y
          Zebergs, *Astronomy of the Twentieth Century*, pp. 416-20, 441-44.

p. 90     «A alguna región del espacio»: Citado en el artículo de Hoskin.

p. 91     «Con uñas y dientes»: Ibid.

p. 91     «Miserables» Cefeidas: la carta dirigida a Russell está citada en
          Smith, p. 81.

p. 92     «Noble reliquia humana»: El recuerdo de Shapley del debate
          proviene de *Through Rugged Ways*, pp. 78-81. Como con su his-
          toria sobre Einstein, es posible que Shapley se haya equivocado
          al recordar otros detalles. Los registros del encuentro en los
          archivos de la National Academy of Sciences no son lo suficien-
          temente detallados como para decirlo.

pp. 92-97 Además de los trabajos mencionados de Hoskin, Trimble y Smith,
          mi relato del debate se basa en la transcripción de Shapley (el
          original está en los archivos de la Universidad de Harvard) y las
          notas de Curtis (originales en el Allegheny Observatory). Ambos
          documentos están disponibles en antwrp.gsfc.nasa.gov/diamond_
          jubilee. Los rivales repitieron y ampliaron sus posiciones en
          artículos formales publicados en el *Bulletin of the National Research
          Council* 2 (1921), pp. 171-93 y 194-217.

p. 97     «El debate ha ido bien en Washington»: Citado en el artículo
          de Hoskin.

p. 97     «Ahora sabría cómo esquivar los temas»: Shapley, *Through Rugged
          Ways*, p. 79.

p. 98     «La absorción de una estrella»: Shapley, «Globular Clusters and
          the Structure of the Galactic System», *Publications of the
          Astronomical Society of the Pacific* 30 (1918), p. 53.

p. 98     «Supongamos que un observador»: del artículo de Shapley en
          el *Bulletin*.

## 7. En el reino de las nebulosas

p. 101 «Una de las pocas cosas decentes que he hecho»: Shapley, *Through Rugged Ways to the Stars*, p. 91.

p. 101 Para los detalles biográficos de Shapley, me basé en *Through Rugged Ways*, así como en la transcripción de las entrevistas en las que se basa el libro (Charles Weiner y Helen Wright, «Harlow Shapley», American Institute of Physics, Center for the History of Physics, College Park, Md., 8 de junio de 1966). Además de ser la fuente principal sobre la vida de Hubble, el libro de Christianson *Edwin Hubble* incluía un vivaz retrato de Shapley (pp. 129-32).

p. 101 «El mejor estudiante que he tenido jamás»: Jones y Boyd, *Harvard College Observatory*, p. 432, n. 16.

p. 103 «Que empleaba expresiones sólo utilizadas por campesinos»: Shapley, *Through Rugged Ways*, p. 57.

p. 103 La difícil relación de Hubble con Shapley está documentada en los libros de Christianson y Smith.

p. 103 Nuevo bloque de apartamentos en la calle Linnean: Según el Directorio de la Ciudad de Cambridge, HSL y su madre se mudaron allí en 1919. Los registros de la Comisión Histórica de Cambridge muestran que el edificio (3-5 de la calle Linnean y llamado el Linnean Hall) fue construido en 1914. Los alquileres iban de 30 dólares a 52,50 dólares al mes.

p. 104 «Una enorme importancia en la presente discusión»: La carta de Shapley a HSL, 22 de mayo de 1920, está en los archivos de Harvard.

p. 104 Shapley había estado sobreestimando: Owen Gingerich ha documentado la discusión en «How Shapley Came to Harvard or, Snatching the Prize from the Jaws of Debate», *Journal for the History of Astronomy* 19 (1988), pp. 201-7. También figura en «The Great Debate» de Hoskin (citado en las notas del capítulo 6).

p. 104 «Es mucho más atrevido»: Gingerich, «How Shapley Came to Harvard», p. 203.

p. 104 «Shapley no podría manejarlo»: Ibid., p. 204.

p. 105 «Tan joven, tan limpio, tan brillante»: El diario de Cannon está en los archivos de Harvard. Los detalles sobre Cannon y la era Shapley provienen de Jones y Boyd, *History and Work* de Bailey, y *Cecilia Payne-Gaposchkin* de Haramundanis, una edición de las memorias de la astrónoma editadas por su hija.

p. 105      «Siempre he querido aprender cálculo»: Maury dijo esto a Cecilia Payne (Haramundanis, p. 149).

p. 106      «Seré feliz»: Citada en Jones y Boyd, p. 398.

p. 106      «Si se pudiera realizar»: Diario de Fleming, archivos de Harvard.

p. 106      «Era una observadora pura»: Haramundanis, p. 139.

p. 106      «Nunca la entenderemos»: HSL citada por Haramundanis, p. 140.

p. 107      «Pickering escogía su personal para trabajar»: Ibid., p. 149.

p. 107      «Una de las mujeres más importantes»: Shapley, Through Rugged Ways, p. 91.

p. 107      «Horas-chica» y «kilo-horas-chica»: Ibid., p. 94.

p. 107      «He llevado flores a Miss Leavitt»: Diarios de Cannon, archivos de Harvard.

p. 108      Los detalles de las propiedades de HSL provienen de los documentos del juzgado del condado de Middlesex, Massachusetts.

p. 109      En qué estaba trabajando HSL cuando murió proviene del obituario de Bailey citado en las notas del capítulo 2 y de los *Harvard University Reports of the President and the Treasurer of Harvard College, 1922-1923: The Observatory*, p. 24, archivos de Harvard.

p. 109      «La famosa nueva estrella de 1918»: *Reports of the President*, 1922-1923, p. 244, archivos de Harvard.

p. 109      «Gran servicio a la astronomía»: *Transactions of the International Astronomical Union* 1 (1922), p. 69.

p. 109      «Apenas había comenzado su trabajo»: *Reports of the President*, 1921-1922, p. 208.

p. 109      La historia de Cecilia Payne y la mesa de HSL está relatada en Haramundanis, p. 153.

p. 109      «He oído al llegar a Harvard»: Ibid., p. 146.

p. 110      «Nube de Magallanes (Gran) tan brillante»: Diarios de Cannon, 20 de abril de 1922.

p. 110      La disputa entre Lundmark y Shapley está descrita en Smith, pp. 105-11.

p. 110      «Si piensa o no reconocer»: Citado por Smith, p. 106.

p. 111      «Sobre el Movimiento de las Espirales»: Knut Lundmark, *Publications of the Astronomical Society of the Pacific* 34 (1922), pp. 108-15.

p. 111      El análisis de Jeans de los datos de Van Maanen está descrito en Smith, p. 104. Jeans no se oponía a la teoría de los universos isla, sino que pensaba que la Vía Láctea era considerablemente más pequeña de lo que Shapley creía. Si las espirales fuesen de tamaño similar, estarían mucho más cerca de la Tierra, haciendo que su velocidad de rotación fuese menor.

p. 111    «La situación parecía bastante desesperada»: Citado por Smith, p. 108.

p. 112    Hay un hábil relato de la medición de Hubble de Andrómeda en Christianson, pp. 157-62; también en Smith, pp. 111-26.

p. 112    «Le interesará saber»: Citado por Smith, p. 114. La correspondencia entre Hubble y Shapley está dividida entre la Edwin P. Hubble Manuscript Collection en la Biblioteca Huntington en San Marino, California, y los archivos de Harvard.

p. 112    «Aquí está la carta que ha destrozado mi universo»: Haramundanis, p. 209.

p. 112    «Su carta hablando del puñado de novas»: Citado por Christianson, p. 159.

p. 113    Antes de convertirse en astrónomo profesional, Barnard había ganado suficiente dinero encontrando nuevos cometas (un filántropo de Nueva York pagaba 200 dólares por cada uno) para hacer el pago inicial de lo que llamaba su «casa cometa». Hoy se le conoce más por el descubrimiento de la estrella de Barnard.

p. 113    «Todas las pajas apuntan en una dirección» y «No sé si estoy triste»: Citado por Christianson, p. 159.

p. 114    «Copia curiosamente fiel»: Edwin Hubble, «NGC 6822, A Remote Stellar System», *Contributions from the Mount Wilson Observatory* 302 (1925), p. 410.

p. 114    «El principio de uniformidad»: Ibid., p. 432.

p. 114    «Un esplendido fórum»: Citado por Christianson, p. 160. La reunión de la AAS/AAAS está descrita en el mismo fragmento. Hay más detalles en *Popular Astronomy* 33, nº 4 (1925), pp. 158-60. Un resumen del artículo de Hubble, «Cepheids in Spiral Nebulae», apareció en el mismo volumen en la página 252.

p. 114    Hubble compartió el premio: El otro ganador del que ahora se llama Newcomb Cleveland Prize fue L.R. Cleveland, cuyos artículos se habían leído ante la Sociedad Americana de Zoólogos.

p. 115    «Al fin y al cabo, era mi amigo»: Citado por Haramundanis, p. 209.

p. 115    «El asunto asignado» y «Yo estaba en lo cierto»: Shapley, *Through Rugged Ways*, p. 79.

p. 116    «El Reino de las Nebulosas»: La frase se usó como título del libro de Hubble de 1936, basado en sus conferencias Silliman en Yale.

p. 116    «¿Qué son las galaxias?»: Sandage, *The Hubble Atlas of Galaxies*, p. 1.

## 8. La misteriosa K

p. 117    «Joven que deja las montañas Orzak»: El titular del periódico, que apareció en la página 2, está citado por Christianson, *Edwin Hubble*, p. 210.

p. 117    El «Juicio de Monos» de Scopes: El historiador de la ciencia de Harvard, Owen Gingerich, tiene en su colección un telegrama de Darrow a Shapley invitándole a testificar.

p. 119    «Con algo de tratamiento estadístico»: Aquí me refiero a la técnica del paralaje estadístico, descrita en el capítulo 5.

p. 122    Para detalles sobre el inusual pasado de Humason ver Christianson, pp. 185-86. Su trabajo con Hubble está descrito en Christianson, pp. 192-95, y Smith, *The Expanding Universe*, pp. 180-83.

p. 122    «El doble de grande que cualquier otra observada hasta la fecha»: Milton Humason, «The Large Radial Velocity of NGC 7619», *Proceedings of the National Academy of Sciences* 15, nº 3 (15 de marzo de 1929), pp. 167-68.

p. 123    A unos 150 kilómetros por segundo: De hecho Hubble expresó K como 500 parsecs (siendo un parsec 3,26 años luz). Sus primeros resultados están descritos en su artículo, «A Relation Between Distance and Radial Velocity Among Extra-Galactic Nebula», publicado en el mismo volumen de PNAS que el artículo de Humason (pp. 168-73). Fue continuado en 1931 en el artículo de Edwin Hubble y Milton Humason, «The Velocity-Distance Relation Among Extra-Galactic Nebulae», *Astrophysical Journal* 74, nº 43 (1931), pp. 43-80.

p. 124    «No me creo estos resultados»: Citado por Christianson, p. 198.

p. 124    El encuentro entre Shapley y Humason está descrito en Christianson, p. 151. En *The Expandig Universe*, Smith da buenas razones para creer que la historia es cierta (p. 144, n. 122).

p. 124    Einstein llamando «precioso» al trabajo de Hubble: Véase Christianson, p. 211.

## 9. La estampida cósmica

p. 127    «Todavía se tiene que elaborar un estudio definitivo de los instintos de grupo de los astrónomos»: J. D. Fernie, «The Period-Luminosity Relation: A Historical Review», *Publications of the Astronomical Society of the Pacific* 81, nº 483 (diciembre de 1969), pp. 719-20.

p. 127    Para un relato detallado de la controversia sobre el aparentemente anómalo tamaño de la Vía Láctea, ver Smith, *The Expanding Universe*, pp. 153-56.

p. 128    Si estas lejanas espirales eran islas: Ibid., p. 154. Durante un tiempo, Shapley jugó con lo que él llamaba la hipótesis de la Super-Galaxia, en la que la Vía Láctea consistía en una confederación de galaxias menores, los cúmulos globulares.

p. 129    Trumpler informó de su descubrimiento sobre el polvo cósmico en el artículo «Absorption of Light in the Galactic System», *Publications of the Astronomical Society of the Pacific* 42 (1930), pp. 214-27.

p. 131    «La mayoría de los astrónomos de la época»: Fernie, «Period-Luminosity Relation», pp. 716-17.

p. 131    Baade hizo un buen relato personal de cómo recalibró la escala Cefeida –incluyendo una descripción de su conversación con Hubble– en una charla para la Sociedad Astronómica del Pacífico, más tarde publicada como «The Period-Luminosity Relation of the Cepheids», *Publications of the Astronomical Society of the Pacific* 68 (1956), pp. 5-16. Christianson proporciona más detalles en *Edwin Hubble*, pp. 291-93.

p. 132    «En lugar de una relación entre periodo y luminosidad»: Baade, p. 11. Así como con las variables de cúmulo, descubrió que las Cefeidas, ocasionalmente halladas en cúmulos globulares, también pertenecían a la Población II.

p. 133    Para las correcciones de la constante de Hubble, ver Virginia Trimble, «H0: The Incredible Shrinking Constant, 1925-1975», *Publications of the Astronomical Society of the Pacific* 108 (diciembre de 1996), pp. 1073-82.

## 10. Cuentos de fantasmas

p. 135      «¿Qué monstruos pueden ser?»: El fragmento aparece en la página 34 de *Two on a Tower* de Hardy.

p. 135      «La lámpara de Miss Leavitt todavía se veía arder»: Haramundanis, *Cecilia Payne-Gaposchkin*, p. 153.

p. 135      Débiles rastros que Leavitt ha dejado: Annie Cannon, en cambio, lo recogía todo. Los archivos de la Universidad de Harvard están llenos de diarios, libros de visita, álbums de fotos, y cartas; nada, al parecer, se tiraba. Las pocas referencias que se hace en estos documentos a Henrietta Leavitt plantea la duda de si realmente eran amigas.

p. 136      Un planetario virtual: El «Henrietta Leavitt Flat Screen Space Theater» está situado en www.thespacewriter.com.

p. 136      Cráter en la Luna: Harry Lang, «Six Moon Craters Named for Deaf Scientists», *The World Around You*, Enero-Febrero de 1996 (publicado por la Universidad Gallaudet, Washington, D.C.).

p. 136      «Los científicos creacionistas más importantes del mundo» se pueden encontrar en www.creationsafaris.com. Los criterios para compilar esta lista son tan permisivos que también incluye a Sir Francis Bacon, Johannes Kepler, Leonardo da Vinci, William y John Herschel e incluso Galileo.

p. 136      «Honorable Miss Leavitt»: Carta de Mittag-Leffler a HSL, 23 de febrero de 1925, en la correspondencia de Shapley, archivos de Harvard.

p. 136      Sonja Kowalewsky: El nombre también ha sido transcrito como Sonya Kovalevskaya. Otras variaciones incluyen Sonja Kovalewski, Sophia Kovalevsky, y Sofya Kovalevskaya.

p. 137      «El trabajo de Miss Leavitt sobre las estrellas variables»: Carta de Shapley a Mittag-Leffler, 9 de marzo de 1925, correspondencia de Shapley, archivos de Harvard.

p. 137      «el número de variables incluidas en la discusión de Miss Leavitt»: Bailey, *History and Work*, p. 185.

p. 138      El debate «La Escala del Universo» de 1996 está ampliamente documentado en seis artículos en *Publications of the Astronomical Society of the Pacific* 108 (diciembre de 1996): Jerry T. Bonnell, Robert J. Nemiroff, y Jeffrey J. Goldstein, «The Scale of the Universe Debate in 1996», pp. 1065-67; Owen Gingerich, «The Scale of the Universe: A Curtain Raiser in Four Acts and Four

Morals», pp. 1068-72; Virginia Trimble, «H0: The Incredible Shrinking Constant, 1925-1975», pp. 1073-82; G.A. Tammann «The Hubble Constant: A Discourse», pp. 1083-90; Sidney van den Bergh, «The Extragalactic Distance Scale», pp. 1091-96; y John N. Bahcall, «Is H0 Well Defined?» p. 1097.

p. 138 Haber sido el ayudante de Dante: Christianson, *Edwin Hubble*, p. 363.

p. 138 Además del valor de la Constante de Hubble, otros factores que infuyen en el tamaño del universo son su forma y el valor de un parámetro llamado la constante cosmológica.

p. 139 «La Guerra de Hubble» se describe en la obra de Overbye, *Lonely hearts of the Cosmos*, pp. 263-84

p. 140 Hay maravillosos mapas de cúmulos y supercúmulos en www.anzwers.org/free/universe/galaclus.html.

p. 142 Tendría que corregirse en un 10 por ciento: M.W. Feast y R.M. Catchpole, «The Cepheid PL Zero-Point from Hipparcos Trigonometric Parallaxes», *Monthly Notices of the Royal Astronomical Society* 286 (1997), L1-L5. Más recientemente, las noticias sobre Hipparcos han sido la controversia sobre la precisión de su triangulación de las Pléyades: X. Pan, M. Shao, y S.R. Kulkarni, «A Distance of 133-137 Parsecs to the Pleiades Cluster», *Nature* 427 (2004), p. 396.

## Epílogo. Fuego en la montaña

p. 147 «A medida que aumenta la distancia, nuestros conocimientos se desvanecen»: Hubble, Realm of the Nebulae, p. 202.

# Bibliografía

Bailey, Solon I. *The History and Work of Harvard Observatory, 1839 to 1927.* Nueva York: McGraw-Hill, 1931.

Christianson, Gale E. *Edwin Hubble: Mariner of the Nebulae.* Chicago: University of Chicago Press, 1995.

Evans, David S., Terence J. Deeming, Betty Hall Evans, y Stephen Goldfarb, eds. *Herschel at the Cape: Diaries and Correspondence of Sir John Herschel, 1834-1838.* Austin: University of Texas Press, 1969.

Ferguson, Kitty. *Measuring the Universe: Our Historic Quest to Chart the Horizons of Space and Time.* Nueva York: Walker, 1999.

Fernie, Donald. *The Whisper and the Vision: The Voyages of the Astronomers.* Toronto: Clarke, Irwin, 1976.

Ferris, Timothy. *Coming of Age in the Milky Way.* Nueva York: William Morrow, 1988.

Haramundanis, Katherine, ed. *Cecilia Payne-Gaposchkin: An Autobiography and Other Recollections.* Segunda edición. Cambridge: Cambridge University Press, 1996.

Hirshfeld, Alan W. Parallax: *The Race to Measure the Cosmos.* Nueva York: W.H. Freeman, 2001.

Hoffleit, Dorrit. *Women in the History of Variable Star Astronomy.* Cambridge, Mass.: American Association of Variable Star Observers, 1993.

Hubble, Edwin. *The Realm of the Nebulae.* New Haven: Yale University Press, 1936.

Jones, Bessie zaban, y Lyle Gifford Boyd. *The Harvard College Observatory: The First Four Directorships,* 1839-1919. Cambridge, Mass.: Belknap Press, 1971.

Kass-Simon, G., y Patricia Farns, eds. *Women of Science: Righting the Record.* Bloomington: Indiana University Press, 1993.

Koestler, Arthur. *The Sleepwalkers: A History of Man's Changing Vision of the Universe.* Nueva York: Macmillan, 1959.

Layzer, David. *Constructing the Universe.* Nueva York: Scientific American Library, 1984.

Overbye, Dennis. *Lonely Hearts of the Cosmos: The Scientific Quest for the Secret of the Universe.* Nueva York: HarperCollins, 1991.

Sandage, Allan. *The Hubble Atlas of Galaxies.* Washington, D.C.: Carnegie Institution, 1961.

Shapley, Harlow. *The Inner Metagalaxy.* New Haven: Yale University Press, 1957.

Shapley, Harlow. *Through Rugged Ways to the Stars.* Nueva York: Charles Scribner's Sons, 1969.

Smith, Robert W. *The Expanding Universe: Astronomy's «Great Debate» 1900-1931.* Cambridge: Cambridge University Press, 1982.

Struve, Otto, y Velta Zebergs. *Astronomy of the Twentieth Century.* Nueva York: Macmillan, 1962.

Van Helden, Albert. *Measuring the Universe: Cosmic Dimensions from Aristarchus to Halley.* Chicago: University of Chicago Press, 1985.

Zeilik, Michael, y John Gaustad. *Astronomy: The Cosmic Perspective.* Segunda edición. Nueva York: John Wiley & Sons, 1990.

# Índice alfabético

Astrophysical Journal, 83
Atlas Hubble de Galaxias, 138-139
átomos, 120

Baade, Walter, 131-132, 133
Bailey, Solon I., 36-37, 47, 56, 73, 137
Barnard, Edward Emerson, 113-114, 162n
Beloit, 49, 51, 55, 56, 58, 59, 60
Beta Lyrae, 106
Biblia, 33, 55
binarias eclipsantes, 82
Bond, George, 152n
Bond, William Cranch, 152n
Boötes, 25
Boston Water Works, 46
Brasil, 53
Brookhaven, Laboratorio Nacional de, 38
Bruce, Catherine Wolfe, 37
Bruce, telescopio, 37, 85
Bryan, Willan Jennings, 118
Bulletin of the National Research Council, 97
Bunsen, Robert, 120

Cabo de Buena Esperanza, 53, 67
calcio, 122
calculistas (trabajadoras):
    datos recogidos, 29-30, 36-37, 72-73, 108-110, 123
    instrumentos utilizados por, 43-48, 54, 59, 74-75
    Leavitt como ejemplo de, 29, 41, 43-44, 55, 56, 57-58, 69, 73-75, 77, 83-84, 107, 108-109, 138-139
    mujeres como, 38-41, 105-107

posición, 105-107
sueldos, 29, 37-38, 50-51, 153n
Campo de Pruebas de Aberdeen, 132
candelas estándar, 79, 82, 93, 96, 113, 118, 139, 141, 142
Cannon, Annie Jump, 38, 60, 105-106, 107, 110, 136, 151n, 160n, 161n, 165
Cassini, Gian Domenico, 156n
«Cefeidas en las Nebulosas Espirales» (Hubble), 115
Cefeo, 62
Cementerio de Cambridge, 108
censo (1880), 45
Cerro Tololo, Observatorio, 32
«ciencia creacionista», 117-118, 136
ciencia ficción, 26
Cisne, 48
Clerke, Agnes, 78
Cleveland, L.R., 162n
Colina del Observatorio, 32, 41, 47, 51, 56, 59, 91, 135
Columba, 71
Cometa de Marzo (1843), 31
cometas, 162n
Comisión de Fotometría Estelar, 109
Commonwealth, S.S., 52
comparador por parpadeo, 86, 113, 124
constante cosmológica, 166n
constante de Hubble (factor K), 121-125, 133, 138, 140, 141, 164n
constelaciones, 25, 70
Copérnico, Nicolaus, 65, 71, 125
Cristianos, fundamentalistas, 117-118
Cuantómetro Felt & Tarrant, 29
Cúmulo Eridanus, 140
Cúmulo Fornax, 27, 140